Dr. Angela Verse-Herrmann
Dr. Dieter Herrmann

1000 Wege nach dem Abitur

So entscheide ich mich richtig

Beruf & Karriere

STARK

Die Autoren

Dr. Angela Verse-Herrmann war mehrere Jahre Mitarbeiterin in der Zentralen Studienberatung der Universität Trier. Sie arbeitet als Autorin und Seminarleiterin im Bereich Studien- und Berufsplanung sowie als selbstständige Studien- und Berufsberaterin. Sie ist Inhaberin des Instituts für Bildungs- und Wissenschaftsdienste (*www.bw-dienste.de*).

Dr. Dieter Herrmann, mehrjährige Tätigkeit als Studienberater für deutsche und ausländische Studierende an der Universität Bonn, ist Geschäftsführer einer Wissenschaftsorganisation.

Zahlreiche gemeinsame Veröffentlichungen, zuletzt: *Der große Studienwahltest. So entscheide ich mich für das richtige Studienfach; Erfolgreich bewerben an Hochschulen. So bekommen Sie Ihren Wunschstudienplatz; Studieren, aber was? Die richtige Studienwahl für optimale Berufsperspektiven; Der große Berufswahltest. So entscheide ich mich richtig.*

Die Informationen in diesem Buch sind von den Autoren und dem Verlag gründlich geprüft worden. Dennoch kann keine Garantie für die Richtigkeit der Informationen und keine Haftung übernommen werden. Eine Haftung der Autoren oder des Verlages für Personen-, Sach- und Vermögensschäden ist ausgeschlossen.

Coverbild: © Pavel1964/iStockphoto

ISBN 978-3-8490-2577-9

© 2016 Stark Verlag GmbH
www.berufundkarriere.de

Inhalt

Für einfachen und direkten Zugriff auf unseren **Online Content** finden Sie in diesem Buch an den entsprechenden Stellen QR-Codes[1] und Kurzlinks. Scannen Sie den Code mit Ihrem Smartphone oder geben Sie den Kurzlink in Ihrem Browser ein und gelangen Sie direkt zu hilfreichen Zusatzmaterialien. Alternativ können Sie die Kurzlinks natürlich auch auf Ihrem Desktop-Computer oder Laptop verwenden.

1 Sie benötigen einen QR-Code-Scanner für Ihr Smartphone, beispielsweise »Google Goggles« für Android-Systeme oder »Quick Scan – QR Code Reader« für iOS-Systeme.

Einleitung

Liebe Leserin, lieber Leser,

wie Sie stehen jedes Jahr einige Hunderttausend junge Menschen kurz vor dem Abitur oder haben die Prüfungen bereits erfolgreich hinter sich gebracht. Und schon wartet eine neue wichtige Herausforderung: die Entscheidung für den richtigen Berufsweg. Dabei scheint es auf den ersten Blick gar nicht so leicht, sich angesichts der Fülle an Ausbildungsangeboten zurechtzufinden. So gibt es neben Lehre und Universitäts- oder Fachhochschulstudium noch viele andere Möglichkeiten – und jedes Jahr kommen weitere hinzu – wie z.B. Kombinationen von Lehre und Studium im Rahmen einer Ausbildung an Berufs- und Wirtschaftsakademien oder der Dualen Hochschule Baden-Württemberg, Kombinationen von Lehre und Studium an Fachhochschulen oder Universitäten (dies sind sogenannte duale Studiengänge) oder Kombinationen von Ausbildung und Studium im öffentlichen Dienst. Doch wie finden Sie heraus, welcher Weg der richtige ist und Ihren individuellen Neigungen und Interessen entspricht? Das Internet, das unter Schlagwörtern wie »Studium« oder »Studienentscheidung« unzählige Treffer anzeigt, kann die für Sie persönlich relevanten Informationen nicht herausfiltern. Und auch die staatlichen Stellen wie die Bundesagentur für Arbeit oder die Hochschulen können im Einzelfall nur begrenzt weiterhelfen.

1000 Wege nach dem Abitur soll Sie bei der Entscheidungsfindung für die optimale Berufsausbildung unterstützen, indem es bei der Beantwortung von sechs zentralen Fragen behilflich ist:

1. Welche Ausbildungsmöglichkeiten eröffnet das Abitur?

2. Welche Voraussetzungen sind für die verschiedenen Ausbildungswege erforderlich? Bin ich eher für eine Berufsausbildung, eine der genannten Kombinationsausbildungen oder ein Studium geeignet?

3. Ist bei der Entscheidung für ein Studium die Universität oder die Fachhochschule die individuell richtige Wahl?

4. Welcher Studiengang passt zu den eigenen Begabungen, Vorlieben und Fähigkeiten?

5. Wie komme ich an den erwünschten Ausbildungs- bzw. Studienplatz und welche Hürden könnten mich hierbei erwarten?

6. Welche Kosten bringt ein Studium mit sich und welche Finanzierungsmöglichkeiten gibt es?

Lassen Sie sich nicht entmutigen, wenn Sie nicht auf Anhieb die für Sie entscheidenden Antworten parat haben. Zunächst werden wir Ihnen verschiedene Wege aufzeigen, wie Sie die Zeit zwischen dem Abitur und der Ausbildung bzw. dem Studium sinnvoll überbrücken können. Hierbei gibt es ganz unterschiedliche Möglichkeiten, wie z. B. Praktika, Auslandsaufenthalte als Au-pair, der Bundesfreiwilligendienst oder ein freiwilliges soziales oder freiwilliges ökologisches Jahr. Außerdem sind für eine erste Orientierung im Buch mehrere Tests für Sie enthalten, die Ihnen helfen sollen, sich angesichts der rund 150 vorgestellten Ausbildungsberufe und 180 Studienfächer zu orientieren.

Die vorliegende Neuausgabe trägt der aktuellen Entwicklung, zwischen Abitur und Ausbildungs- bzw. Studienbeginn ein sogenanntes »Gap Year« einzulegen, Rechnung: Das Kapitel hierzu wurde wesentlich erweitert. Auch wird das neue Ausbildungspaket »Triales Studium« vorgestellt. Im Ausbau begriffen sind derzeit die Ausbildungsmessen. Die Möglichkeiten, bei solchen Veranstaltungen erste direkte Kontakte zu potenziellen Arbeitgebern zu knüpfen, werden ebenfalls in einem eigenen neuen Kapitel erörtert.

Wenn Sie in Erfahrung gebracht haben, welche Ausbildung oder welches Studium Sie anstreben wollen, zeigen wir Ihnen, wie Sie sich hierfür erfolgreich bewerben können. Am Ende dieses Buches sollten Sie wissen, wohin Ihr künftiger beruflicher Weg geht oder wohin er gehen kann.

Wir würden uns freuen, wenn der eine oder andere Leser uns von seinen Erfahrungen berichten würde, damit künftige Leser auch davon profitieren. Über Ihre Zuschriften freuen sich:

Dr. Dieter Herrmann und Dr. Angela Verse-Herrmann
St.-Gereon-Straße 28
55299 Nackenheim
E-Mail: *angela.verse@t-online.de*

Das Abitur in der Tasche oder greifbar nah – mithilfe dieses Buches sollte Ihnen der erfolgreiche Start ins Studium oder die Ausbildung gelingen! Dies wünschen Ihnen

Ihre Autoren

Gap Year: Die Zeit zwischen Abitur und Ausbildung / Studium nutzen

Gesellschaftliches Engagement: Bundesfreiwilligendienst und andere Freiwilligendienste

Wer nicht gleich nach dem Abitur eine Ausbildung beginnen oder ein Studium aufnehmen möchte oder eine Zeit auf den Studien- oder Ausbildungsplatz warten muss, hat mit den Freiwilligendiensten eine interessante Option für die zeitliche Überbrückung.

Neben den von den einzelnen Bundesländern organisierten Diensten »freiwilliges soziales Jahr« und »freiwilliges ökologisches Jahr«, die sich seit Jahren bei jungen Menschen einer großen Beliebtheit erfreuen, gibt es seit 2011 den Bundesfreiwilligendienst. Dieser entstand vor dem Hintergrund der Aussetzung des Wehrdienstes und damit auch des Zivildienstes zum 1. Juli 2011. War es vorher obligatorisch, entweder bei der Bundeswehr seinen Dienst abzuleisten oder anstelle des militärischen Dienstes sich für den zivilen Dienst zu entscheiden, so ist dieses »Muss« nun weggefallen. Wer Interesse hat, sei es, um Wartezeiten sinnvoll zu überbrücken oder um erste berufliche Erfahrungen zu sammeln oder sich für eine begrenzte Zeit in den Dienst der Allgemeinheit zu stellen und damit bürgerliches Engagement zu beweisen, kann jetzt den Bundesfreiwilligendienst absolvieren. Auch der Wehrdienst wird jetzt allein auf freiwilliger Basis abgeleistet. (Informationen zum freiwilligen Wehrdienst unter *www.bundeswehr.de*, dann Pfad »Karriere«.)

Beim Bundesfreiwilligendienst handelt es sich um einen Dienst im sozialen, ökologischen, medizinischen, kulturellen Bereich oder im Sport, in der Integration, in der Altenpflege sowie im Zivil- und Katastrophenschutz. Er dauert üblicherweise zwölf Monate. Diese können auch auf sechs Monate verkürzt oder um sechs Monate verlängert werden mit einer maximalen Dienstdauer von 24 Monaten. In den ersten sechs Monaten besteht die Möglichkeit, den Freiwilligendienst freiwillig wieder aufzugeben. Dies ist für all jene von Vorteil, die etwa auf einen Ausbildungs- oder Studienplatz warten und früher als erwartet ein Angebot erhalten.

Mit dem Bundesfreiwilligendienst sind keine Reichtümer zu erwerben, aber das erwarten die freiwillig Dienstleistenden auch nicht, denn es geht ihnen ja in erster Linie um den Dienst am Gemeinwesen und um ehrenamtliches Engagement. Bezahlt wird ein sogenanntes Taschengeld, das je nach Einsatzstelle variiert und bei maximal 372 Euro im Monat liegt. Berufskleidung, Unterkunft und Verpflegung können gestellt oder deren Kosten können ersetzt werden. Außerdem werden die Freiwilligen durch Fachkräfte betreut und erhalten kostenlose Seminare. Im Hinblick auf die Sozialversicherungen ist der Bundesfreiwilligendienst mit einem Ausbildungsverhältnis vergleichbar – die Einsatzstelle übernimmt die Beiträge für Unfall-, Kranken-, Pflege- und Arbeitslosenversicherung.

Alle freiwillig Dienstleistenden haben nach Abschluss des Bundesfreiwilligendienstes den Anspruch auf ein qualifiziertes Zeugnis. Sollte die Dienststelle dies nicht nach Beendigung des Dienstes von sich aus aushändigen, ist es wichtig, nachzuhaken – das Zeugnis ist ein wichtiges Dokument, auch für spätere Bewerbungen (siehe auch S. 147).

Bei der Suche nach einer Tätigkeit im Bundesfreiwilligendienst wird ein dreistufiges Verfahren empfohlen:

1. Einen Platz suchen – das setzt gründliche Überlegungen voraus, in welchem Bereich man sich engagieren möchte. Auch kann der Dienst für die spätere Ausbildungs- oder Studienwahl genutzt werden, indem man bewusst einen Einsatzbereich im angestrebten Berufsfeld wählt, also Dienst in einem Krankenhaus bei Berufsfeld Gesundheit / Medizin, Dienst in einer Behinderteneinrichtung bei späterem Studienwunsch Soziale Arbeit, Ableistung des Dienstes in der Denkmalpflege bei Studienwunsch Kunstgeschichte und vieles mehr.

2. Kontakt zu den hierfür zuständigen Einsatzstellen herstellen (Adresse siehe nächste Seite).

3. Kennenlerngespräch führen und – wenn es passt – Vertrag unterschreiben und beginnen.

Weitere Informationen einschließlich Kontakt zu den Einsatzstellen unter: *www.bundesfreiwilligendienst.de*, E-Mail: *info@bundesfreiwilligendienst.de*, Hotline: 02 21 / 3 67 30.

Die Freiwilligendienste, sei es das ökologische oder soziale Jahr oder der Bundesfreiwilligendienst, haben einen weiteren Vorteil, der erst Jahre später positiv zu Buche schlägt. Bei Bewerbungen um einen Arbeitsplatz zählen neben vielen anderen Faktoren auch Freiwilligendienste zu den Pluspunkten. Denn jeder Arbeitgeber sieht es gerne, wenn künftige Mitarbeiter und Mitarbeiterinnen sich ehrenamtlich für das Gemeinwohl, für soziale Aufgaben oder für Kranke, Behinderte und Schwache in der Gesellschaft eingesetzt haben. Ein Vorteil ergibt sich eventuell auch bei der Bewerbung um den Studienplatz: Viele Hochschulen sehen, etwa bei der Vergabe der begehrten medizinischen Studienplätze, aber auch bei anderen Fächern, für die Ableistung eines Dienstes Bonuspunkte auf die Abiturnote vor.

Wer zu Anfang oder während eines Freiwilligendienstes einen Studienplatz erhält, diesen aber wegen des Dienstes nicht antreten kann, wird in zulassungsbeschränkten Studiengängen aufgrund dieses früheren Zulassungsanspruches erneut ausgewählt. Die Zulassung muss aber spätestens zum zweiten Vergabeverfahren nach Beendigung des Dienstes beantragt werden. Dies gilt für Studienplätze, die von *hochschulstart.de* vergeben werden, wie auch für die direkt von den Hochschulen vergebenen.

Weitere Informationen zu allen Diensten stehen in der Broschüre *Zeit, das Richtige zu tun. Freiwillig engagiert in Deutschland – Bundesfreiwilligendienst, Freiwilliges Soziales Jahr, Freiwilliges Ökologisches Jahr* des Bundesministeriums für Familie, Senioren, Frauen und Jugend (kann von der Homepage des Ministeriums unter *www.bmfsfj.de* unter »Service«, dann »Publikationen« heruntergeladen werden).

Volunteering: Freiwilligendienst international

Eine weitere Möglichkeit besteht darin, ins Ausland zu gehen und dort gemeinnützige Projekte zu unterstützen, z. B. in Schulen, Tierheimen oder Waisenhäusern. In der Regel gibt es hierfür keine Vergütung, aber es entstehen auch keine Kosten für den Auslandsaufenthalt, und die Betreuung vor Ort ist sichergestellt. Ein weiterer Vorteil des sogenannten Volunteering ist, dass der Nachweis über ein solches soziales Engagement im Ausland von künftigen potenziellen Arbeitgebern positiv gesehen wird.

Auf *www.weltwaerts.de/de/entsendeorganisationen.html?page=1* gibt es eine umfangreiche Datenbank, in der man nach Entsendeorganisationen mit den jeweiligen Kontaktdaten suchen und sich die jeweiligen Einsatzorte anzeigen lassen kann. Bei » weltwärts « kann man sich für eine Arbeit mit benachteiligten Kindern oder Jugendlichen, in Bildungs- oder Gesundheitsprojekten, im Umweltschutz und in der Landwirtschaft bewerben. Eine Bewerbung ist von 18 bis maximal 28 Jahren möglich.

Auch auf *www.kulturweit.de/de/freiwillige.html*, einem Freiwilligendienst der Deutschen UNESCO-Kommission, gefördert vom Auswärtigen Amt, kann man sich als Volunteer für verschiedene Programme bewerben. Partner sind der Deutsche Akademische Austauschdienst (DAAD), das Deutsche Archäologische Institut (DAI), die Deutsche Welle Akademie (DW), das Goethe-Institut (GI), der Pädagogische Austauschdienst (PAD) und die Zentralstelle für das Auslandsschulwesen (ZfA). Es werden hier Tätigkeiten in den Bereichen Öffentlichkeitsarbeit, Organisation von Kulturveranstaltungen oder Assistenz im Deutschunterricht einer Schule des Gastlandes angeboten.

Eine Bewerbung bei »kulturweit« ist bereits ab 17 Jahren möglich, bei Beginn der Maßnahme muss aber das 18. Lebensjahr erreicht sein. Das Höchstalter während der Maßnahme beträgt 26 Jahre.

Weitere Informationen finden sich auf der Homepage von » weltwärts « (*www.weltwaerts.de/de*) oder »kulturweit« (*www.kulturweit.de/de.html*).

Darüber hinaus gibt es noch den Europäischen Freiwilligendienst (EFD), der im Rahmen des EU-Programms Erasmus von der EU gefördert wird. Die Internetadresse lautet *www.go4europe.de*; auch dort werden verschiedene Projekte und Programme angeboten. Man kann sich beim Europäischen Freiwilligendienst bewerben, wenn man zwischen 17 und 30 Jahre alt ist.

Der Freiwilligendienst ist kostenlos und dauert in der Regel zwischen zwei Monaten und einem Jahr.

Entsendeorganisationen kann man in einer Datenbank unter *europa.eu/youth/volunteering/evs-organisation* recherchieren.

Ein weiterer interessanter Anbieter findet sich unter: *www.global-volunteers.de*.

Eine Liste mit den in diesem Kapitel aufgeführten Links zum direkt Anklicken finden Sie auch online:

 http://qrcode.stark-verlag.de/E10498-01

Praktika im In- und Ausland

Wer mit einer Berufsausbildung liebäugelt oder sich bereits dafür entschieden hat, eine Lehre zu beginnen, sollte vor der Unterschrift unter dem Ausbildungsvertrag unbedingt ein Praktikum entweder in dem künftigen Ausbildungsbetrieb oder in einem Betrieb der gleichen Branche absolvieren, um in Erfahrung zu bringen, ob die Vorstellung von der Ausbildung auch der Realität entspricht. Hier bieten sich etwa die Sommerferien zwischen der Jahrgangsstufe 11 und 12 bzw. bei G 9 zwischen Stufe 12 und 13 an. Das Praktikum sollte mindestens drei, besser vier Wochen dauern und auch die Möglichkeit bieten, in verschiedene Abteilungen des Unternehmens hineinzuschnuppern.

Diejenigen, die ein Studium in Betracht ziehen, können die Zeit zwischen dem Abitur und dem Studienbeginn ebenso für ein Praktikum nutzen. Auch wer eventuell ein oder zwei Semester auf den Studienplatz warten muss, kann diese Zeit sinnvoll durch ein Praktikum oder mehrere Praktika überbrücken. In dem Fall sollte das Praktikum mindestens drei Monate umfassen und in dem Bereich erfolgen, in dem man seine späteren beruflichen Einsatzmöglichkeiten sieht. Ein solches dem Studium vorgelagertes Praktikum bietet die Chance, herauszufinden, ob das angestrebte Studium mit dem, was man sich vom späteren Beruf erhofft, in Einklang steht.

HINWEIS

An einen Praktikumsplatz kommt man auf drei Wegen:
1. Beziehungen oder persönliche Kontakte
2. Nutzung von Informations- und Vermittlungseinrichtungen
3. über Internetrecherche

Um persönliche Kontakte oder Beziehungen zu nutzen, muss man nicht den Chef oder Personalchef eines Unternehmens kennen. Eltern, Verwandte, Freunde oder Mitschüler verfügen oft über indirekte Kontakte zu Betrieben. Es gilt, diese Personen gezielt auf die eigenen Vorstellungen anzusprechen und zu bitten, wenn möglich einen ersten Kontakt zum Unternehmen herzustellen.

In jeder Stadt gibt es eine Bundesagentur für Arbeit, die Praktika vermittelt. Die örtliche Industrie- und Handelskammer ist behilflich, interessierten Praktikanten Plätze in Unternehmen der regionalen Wirtschaft zu vermitteln. An jeder Hochschule können sich auch Abiturienten nach Praktikantenstellen bei studentischen Initiativen und den Technologietransferstellen (Referat einer Hochschule, das für Unternehmens-Kontakte zuständig ist) der Hochschulen erkundigen und infrage kommende Angebote nutzen. An den Hochschulen sind mancherorts Vermittlungsstellen der Bundesagentur für Arbeit eingerichtet, die auch Praktikantenstellen vermitteln.

Die wichtigste Informationsquelle ist das Internet. Praktika werden auf der Homepage von großen Unternehmen angeboten oder können in Praktikumsbörsen recherchiert werden. Im Folgenden wird ein Überblick über entsprechende Praktikumsbörsen gegeben:

- *Absolute Beginners* – Praktikumsvermittlung mit Online-Bewerbung
  www.absolutebeginners.de
- *Cesar* – eine Auflistung von Praktikumsbörsen
  www.cesar.de (Pfad »Stellenangebote nach Thema«, dann »Jobs für Azubis, Praktikanten & Studenten«)
- *HighText Verlag iBusiness* – Praktikumsbörse, vor allem für die Multimedia- und Online-Branche
  www.ibusiness.de (Pfad »Service«, »Stellenmarkt«, dann »Praktika«)
- *International Placement Center (IPC)* – ein gemeinnütziger Verein an der TH Darmstadt, vermittelt Auslandspraktika für angehende Wirtschafts- ingenieure, Wirtschaftsmathematiker und Wirtschaftsinformatiker
  www.ipc-darmstadt.de
- *Jobmensa* – eines der größten Portale für Studentenjobs, aber auch mit Praktikantenbörse
  www.jobmensa.de
- *PLANETPRAKTIKA.de* – Praktikumsbörse für alle Branchen und Studienbereiche
  www.planetpraktika.de
- *Prabo.de* – Die Praktikumsbörse u. a. für Schüler
  www.prabo.de
- *Praktikum.de* – Suche nach Branche, Abschluss, Dauer oder regionalen Aspekten
  www.praktikum.de
- *Praktikum.info* – Stellenanzeigen für Praktika und Studentenjobs
  www.praktikum.info
- *Praktikum online* – Praktikumsbörse u. a. für Schüler
  www.praktikum-online.de

- *Praktikum-Service.de* – Stellen- und Bewerbungsbörse für Praktika im In- und Ausland
  www.praktikum-service.de
- *Unicum Praktikumsbörse* – Die Angebote lassen sich regional, nach Firmen und nach Stichworten durchsuchen.
  karriere.unicum.de/praktikum

Auch der Ring Christlich-Demokratischer Studenten (RCDS) hat eine Praktikanten-börse für Praktika im Inland eingerichtet. Adresse: RCDS Bildungs- und Sozialwerk e.V. Praktikantenbörse, Neue Straße 34, 91054 Erlangen, Tel. 0 91 31 / 20 61 63 (dienstags und donnerstags 11.00 – 13.00 Uhr), E-Mail: *praktikantenboerse@rcds.de*.

Ein Praktikum in Deutschland zu finden, ist relativ einfach. Es stellt sich noch die Frage der Bezahlung. Hier gibt es keine einheitlichen Regelungen. Einige Unternehmen zahlen kein Entgelt, weil mit der Durchführung von Praktika entsprechende Kosten verbunden sind (wenn das Praktikum nicht länger als drei Monate dauert, ist kein Mindestlohn fällig). Andere Unternehmen wiederum zahlen einige Hundert Euro und bieten damit auch einen finanziellen Anreiz. Wichtig ist, dass bezahlte Praktika, die nicht von der jeweiligen Studien- und Prüfungsordnung eines Studienfaches vorge-schrieben sind, der Sozialversicherungspflicht unterliegen.

Die Bezahlung eines Praktikums ist Verhandlungssache. Allerdings sollten Interessen-ten hier keine unrealistischen Ansprüche stellen. Mehr als 400 bis 500 Euro Prakti-kumsentgelt im Monat sind die Ausnahme. Umgekehrt sollte man sich überlegen, ob man bereit ist, ohne jede finanzielle Entlohnung zu arbeiten, vor allem, wenn das Praktikum länger als einige Wochen dauert, da die Unternehmen auch Vorteile durch Praktikanten haben und möglicherweise für die Zukunft einen qualifizierten Mitar-beiter gewinnen können.

Ein Praktikum im Ausland ist natürlich ein Sahnehäubchen in jedem beruflichen Lebenslauf. Auch hier ist es nicht schwierig, an einen Praktikumsplatz zu kommen. Entweder schiebt man das Auslandspraktikum auf die Semesterferien im Studium und vertraut auf die Vermittlungshilfe einer Reihe von studentischen Initiativen und von Förderorganisationen, die sich den internationalen Austausch von Studieren-den auf ihre Fahnen geschrieben haben, oder man versucht selbst, über die jeweilige deutsche Botschaft oder das deutsche Konsulat im Ausland an Adressen von Unter-nehmen heranzukommen, die an deutschsprachigen Praktikanten Interesse haben. Neben möglichen fremdsprachlichen Barrieren können Reise- und Aufenthaltskosten und außerhalb der EU auch Visumshürden auftreten.

Au-pair-Aufenthalte

Au-pair-Aufenthalte im Ausland sind besonders bei weiblichen Schulabgängern sehr beliebt, obwohl in den letzten Jahren zu beobachten ist, dass sich vermehrt auch männliche Abiturienten für diese Form des Auslandsaufenthaltes entscheiden.

Als Au-pair lebt man quasi wie ein Familienmitglied bei einer Gastfamilie im Ausland und arbeitet dort in der Regel 30 Stunden in der Woche mit eineinhalb zusammenhängenden freien Tagen, an denen man beispielsweise einen Sprachkurs belegen kann. Angebote für eine Kombination von Au-pair-Aufenthalt und einem intensiveren Sprachkurs findet man häufig unter dem Stichwort »Demi-Pair«, dort ist die Zahl der wöchentlichen Arbeitsstunden zugunsten des Sprachkurses geringer als bei einem vergleichbaren Au-pair-Aufenthalt.

Bei den zu verrichtenden Arbeiten handelt es sich um leichte Hausarbeit, wie z. B. Einkaufen, Kochen oder die Wohnung aufräumen, der Schwerpunkt liegt jedoch auf der Kinderbetreuung. Dafür erhält man freie Kost und Logis sowie ein kleines Taschengeld und hat darüber hinaus Anspruch auf Urlaub.

Die Au-pair-Aufenthalte werden in der Regel durch eine Agentur angeboten, wobei die Länge eines Au-pair-Aufenthaltes je nach Agentur und Zielland unterschiedlich ist. Sie beträgt in der Regel ein Jahr, aber auch sechsmonatige oder achtzehnmonatige Au-pair-Aufenthalte sind möglich.

Für die Vermittlung der Au-pair-Stelle, für die Organisation des Aufenthalts im Zielland sowie für die Bereitstellung eines Ansprechpartners erhebt die Agentur eine Vermittlungsgebühr, die je nach Agentur, Zielland oder der Länge des Aufenthalts unterschiedlich hoch ausfällt. Dazu kommen dann noch die Kosten für Hin- und Rückflug und ggf. für den / die Sprachkurs / -e.

Ausführliche Informationen rund um das Thema Au-pair finden sich auf *www. rausvonzuhaus.de* (Pfad »Wege ins Ausland«, dann »Au-pair«) und auf *www.auslandsjob.de/work-and-travel-alternative.php#au-pair*.

Als Online Content haben wir für Sie eine nach Zielkontinenten geordnete Liste mit einigen größeren **Au-pair-Agenturen** zusammengestellt, mit den Ländern, in die sie vermitteln, sowie mit den für eine Bewerbung notwendigen Voraussetzungen:

 http://qrcode.stark-verlag.de/E10498-02

Sprachreisen

Eine andere Möglichkeit für einen längeren Auslandsaufenthalt bieten Sprachreisen, hier gibt es ein breites Angebot.

Von Vorteil ist, dass man sich hier auch schon mit 16 Jahren und früher bewerben bzw. seine Sprachreise absolvieren kann. Man kann sich dabei voll und ganz auf das Erlernen einer Sprache konzentrieren und nach den mehrwöchigen Kursen in der Regel mit einem Sprachzertifikat nach Hause kommen, das einem auf dem späteren Berufsweg von Vorteil sein kann.

Ein Nachteil ist, dass man die meiste Zeit mit den anderen Kursteilnehmern verbringt und mit Land und Leuten weniger in Kontakt kommt. Aber es gibt auch Sprachreisen, die mit einem Aufenthalt bei einer Gastfamilie verbunden sind. Ein weiterer Nachteil von Sprachreisen sind die oft sehr hohen Kosten, die für nur 4 Wochen bereits zwischen 2 000 Euro und 3 000 Euro betragen können.

Das Angebot an Sprachreisen ist sehr groß, weshalb wir hier die einzelnen Anbieter nicht aufführen können. Deshalb haben wir nachfolgend nur eine kleine Auswahl an wichtigen Links für die Auswahl des Anbieters erstellt.

Sprachreisenfinder

www.fdsv.de

Sprachreisenratgeber

www.daad.de/ausland/sprachen-lernen/links/de/479-weitere-sprachkurse-weltweit
www.sprachreisen-ratgeber.de

Sprachreisenvergleichsportale

www.sprachreisenvergleich.de
www.sprachreisen-vergleich.de
www.sprachreisen-bewertung.de
www.sprachreisen.org

Eine Liste mit den in diesem Kapitel aufgeführten Links zum direkt Anklicken finden Sie auch online:

 http://qrcode.stark-verlag.de/E10498-03

Work and Travel

Ebenfalls eine beliebte Form des Auslandsaufenthalts ist das sogenannte »Work and Travel«, bei dem man eines oder mehrere Länder bereist und dies durch verschiedene Gelegenheitsjobs vor Ort finanziert. Dies ist eine sehr gute Möglichkeit, um Land und Leute kennenzulernen.

Beliebt sind vor allem Work-and-Travel-Reisen zu Ländern auf anderen Kontinenten, wie etwa nach Argentinien, Australien, Brasilien, China, Kanada, Neuseeland und Südafrika.

Gejobbt wird dabei meist in den Bereichen Gastronomie, Landwirtschaft, Tourismus, Schule oder Wirtschaft.

Die Vergütungen sind je nach Job und Land unterschiedlich.

Folgende Voraussetzungen müssen erfüllt sein, um an einem Work and Travel-Programm teilnehmen zu können, egal für welches Zielland man sich entscheidet:

- Alter: in der Regel mindestens 18 Jahre
- deutsche Staatsbürgerschaft oder Staatsbürger eines Landes, mit dem Deutschland ein Working-Holiday-Abkommen hat
- Nachweis einer bestimmten Summe finanzieller Rücklagen, etwa für den Unterhalt vor Ort oder für den Rückflug (ggf. Vorlage des Rückflugtickets)
- Kranken-, Haftpflicht- und Unfallversicherung
- polizeiliches Führungszeugnis ohne Eintrag
- gültiger Reisepass

Darüber hinaus muss für die meisten Zielländer ein Working-Holiday-Visum beantragt werden. Falls man dies nicht kann oder man bereits ein solches Visum genutzt hat, kann man auch ein einfaches Touristenvisum beantragen, welches einen drei- bis sechsmonatigen Aufenthalt im Zielland ermöglicht.

Weitere Informationen finden sich auf: *www.auslandsjob.de/work-and-travel.php* und auf *www.work-and-travel.co*

Als Online Content haben wir eine Liste mit den größten Anbietern von Work-and-Travel-Programmen, jeweils mit den möglichen Zielländern und den Voraussetzungen für eine Bewerbung für Sie zusammengestellt:

 http://qrcode.stark-verlag.de/E10498-04

Ausbildungen und Studiengänge im Überblick

Die richtige Entscheidung für den späteren Beruf kann man nur treffen, wenn einem alle Optionen bekannt sind. Aber nur wenige Abiturienten wissen um ihre Möglichkeiten. Die meisten glauben, man könne entweder eine Lehre machen oder an einer Fachhochschule oder Universität studieren. Es gibt aber, wie wir gleich sehen werden, erheblich mehr Alternativen.

Unter Jugendlichen ist die Haltung verbreitet, man müsse in Zeiten, in denen Arbeits- und Ausbildungsplätze ein knappes Gut geworden sind, bei einer angebotenen Ausbildungsmöglichkeit schnell zugreifen, auch wenn diese in Anbetracht der eigenen Interessen und Fähigkeiten nur einen leidlichen Kompromiss darstellt. Bei einer der wichtigsten Entscheidungen, die man im Leben treffen muss – der Berufswahl –, sollte man jedoch niemals übereilt handeln, sondern nur nach gründlicher Information und langer Überlegung. Entscheidungsfreude ist sicherlich geboten, aber erst dann, wenn man über alle Optionen informiert ist.

Welche Ausbildungsmöglichkeiten gibt es überhaupt nach dem Abitur?

Studium	Dauer in Jahren durchschnittlich
• an Universitäten und Technischen Universitäten	3 – 3,5 in Studiengängen mit Abschluss Bachelor 5 – 6 in Studiengängen mit den Abschlüssen Master (nach vorherigem Bachelor), Staatsexamen, Diplom, Magister Artium
• an Kunst-, Sport-, Musikhochschulen	4 – 6
• an Fachhochschulen	3,5 – 4 (ohne Vorpraktikum, in Studiengängen mit Abschluss Bachelor) 5 – 6 (ohne Vorpraktikum, in Studiengängen mit Abschluss Master (nach vorherigem Bachelor))

Ein Bachelorstudiengang ist an Universitäten und Technischen Universitäten in der Regel auf eine Studiendauer von drei Jahren (6 Semester) angelegt, ein darauf aufbauender Masterstudiengang dauert zwei weitere Jahre (4 Semester). Für ein konsekutives Bachelor-/Masterstudium, d. h. ein dreijähriges Bachelorstudium und ein inhaltlich anschließendes zweijähriges Masterstudium, müssen also mindestens fünf Jahre Studienzeit veranschlagt werden.

An Fachhochschulen ist ein Bachelorstudiengang in der Regel auf dreieinhalb Jahre (7 Semester) angelegt. Bachelorstudiengänge von dreijähriger (6 Semester) oder vierjähriger (8 Semester) Dauer gibt es seltener. Die sich anschließenden Masterstudiengänge dauern zusätzlich ein, eineinhalb oder zwei Jahre. Die Studiendauer liegt also zwischen mindestens drei (Bachelorabschluss) und fünf Jahren (bei anschließendem Masterstudium).

Berufliche Ausbildung	Dauer in Jahren durchschnittlich
• in einem anerkannten Ausbildungsberuf	2 – 3,5
• an einer Berufsakademie oder der Dualen Hochschule Baden-Württemberg	3
• im öffentlichen Dienst (gehobener Dienst)	3
• Berufsfachschule	2 – 4

Dual und beliebt: Betriebliche Ausbildungen

Etwa ein Drittel der Abiturienten eines Jahrgangs entscheidet sich für einen der rund 350 anerkannten Ausbildungsberufe. Besonders viele Lehrverträge wurden von den Abiturienten abgeschlossen als:

- Bankkaufmann /-frau
- Biologielaborant /-in
- Chemielaborant /-in
- Fachinformatiker /-in – Anwendungsentwicklung und – Systemintegration
- Fotograf /-in
- Hotelkaufmann /-frau

- Immobilienkaufmann / -frau
- Industriekaufmann / -frau
- Kaufmann / -frau – audiovisuelle Medien
- Kaufmann / -frau – Marketingkommunikation (früher Werbekaufmann / -frau)
- Kaufmann / -frau – Versicherungen und Finanzen
- Luftverkehrskaufmann / -frau
- Mediengestalter / -in Bild und Ton bzw. Mediengestalter / -in Digital und Print
- Medienkaufmann / -frau Digital und Print (früher Verlagskaufmann / -frau)
- Steuerfachangestellte / -r
- Tourismuskaufmann / -frau (Privat- und Geschäftsreisen) (früher Reiseverkehrskaufmann / -frau)
- Zahntechniker / -in

Auf S. 83 – 87 werden Ausbildungsberufe, in denen besonders viele Abiturienten anzutreffen sind, geordnet nach fachlichen Gruppen, noch einmal aufgeführt.

Jede anerkannte Ausbildung, egal auf welchem Gebiet, läuft nach einem bestimmten Schema ab. Die Ausbildung wird nach dem sogenannten dualen – d. h. zweiteiligen – System durchgeführt: Die praktische Ausbildung im Betrieb wechselt mit theoretischem Unterricht in der Berufsschule (ein bis zwei Tage pro Woche oder in entsprechenden Blöcken). Das Verhältnis Praxis / Theorie beträgt etwa drei Viertel zu einem Viertel. Die meisten Ausbildungen sind auf drei Jahre angelegt. Für Abiturienten besteht die Möglichkeit, die Lehrzeit auf zwei bis zweieinhalb Jahre zu verkürzen, wenn die Leistungen im Betrieb und in der Berufsschule stimmen und wenn der Ausbildungsbetrieb damit einverstanden ist.

Die Ausbildung endet mit einer Prüfung vor der Industrie- und Handelskammer oder vor der Handwerkskammer. Was an Prüfungsleistungen erbracht werden muss, ist genau geregelt und wird vom Staat kontrolliert. Während der Ausbildung wird generell eine Ausbildungsvergütung gezahlt, die – je nach Beruf und Ausbildungsjahr, ansteigend mit dem Ausbildungsjahr – zwischen 300 und 1 000 Euro liegt. Die Praxis steht bei der betrieblichen Ausbildung eindeutig im Vordergrund.

Interessant ist eine betriebliche Ausbildung also für all diejenigen, die einen möglichst raschen Berufseinstieg und damit schnelle finanzielle Unabhängigkeit sowie einen großen Praxisanteil in der Ausbildung anstreben. Die Bewerbung um einen Ausbildungsplatz beginnt etwa ein Jahr vor dem Abitur. Vor allem bei großen Unternehmen (u. a. bei Banken und Versicherungen) sollte man sich bis zu eineinhalb Jahre vor Ausbildungsbeginn (in der Regel 1. August / 1. September eines Jahres) bewerben.

Die Auswahl erfolgt anhand der eingereichten Bewerbungsunterlagen. Die Entscheidung, wer zum Vorstellungsgespräch eingeladen wird, hängt vom Gesamteindruck der Bewerbung, vom letzten Schulzeugnis und von den Noten in den Fächern ab, die für die Ausbildung wichtig sind. Da es sich in der Regel um die erste Bewerbung handelt, sollte man hierbei sehr gründlich vorgehen. Eine schlampige, fehlerhafte Bewerbung kann nicht durch noch so gute Schulnoten kompensiert werden. Personalverantwortliche legen auf eine komplette und ordentliche Bewerbungsmappe (kann ggf. auch in digitaler Form eingereicht werden) Wert. Zu empfehlen ist an dieser Stelle der Ratgeber von Jürgen Hesse und Hans Christian Schrader *Die perfekte Bewerbungsmappe für Ausbildungsplatzsuchende. Mit den besten Beispielen erfolgreicher Kandidaten* (mit Online-Content).

INFO

Informationen zu den Ausbildungsberufen
erhält man bei der Berufsberatung der Bundesagentur für Arbeit und in den Berufsinformationszentren (BiZ), in denen viele Materialien zu Lehrberufen zum Mitnehmen ausliegen. Auch werden die Ausbildungsberufe in der Arbeitsagentur-Datenbank unter *berufenet.arbeitsagentur.de* sehr gut beschrieben. Ebenso kann im Internet branchenspezifisch recherchiert werden, etwa unter *www.autoberufe.de* und *www.it-berufe.de*.

Eine Vielzahl von Unternehmen bietet ihren Auszubildenden während der Lehre die Möglichkeit, sich weitere IT- und Fremdsprachenkenntnisse anzueignen, einen Auslandsaufenthalt bei einer auswärtigen Niederlassung zu absolvieren oder zusätzliches betriebswirtschaftliches Wissen zu erwerben. Einen sehr guten Überblick über die Unternehmen und die von ihnen angebotenen Zusatzqualifikationen gibt die Datenbank unter *www.ausbildungplus.de*. Auch lohnt es sich, bei den Arbeitsagenturen nach solchen Ausbildungsangeboten zu fragen oder einen Blick auf die Homepage großer Unternehmen zu werfen.

INFO

Freie Ausbildungsstellen werden entweder von der jeweiligen Arbeitsagentur vermittelt, in der Lokalzeitung ausgeschrieben oder sind über eine Vielzahl von Ausbildungsplatzbörsen im Internet recherchierbar (etwa die Stellen- und Bewerberbörse unter *www.arbeitsagentur.de*, auf *www.meinestadt.de*, auf den Websites der jeweiligen Handwerkskammer oder der zentralen Börse aller Industrie- und Handelskammern *www.ihk-lehrstellenboerse.de*). Außerdem ist es sinnvoll, bei Betrieben direkt nachzufragen oder sich auf der Homepage von infrage kommenden Unternehmen das Lehrstellenangebot anzusehen.

Fit für die Führungsetage: Berufs- und Wirtschaftsakademien und Duale Hochschule Baden-Württemberg

Ebenfalls dem dualen Ausbildungssystem zuzurechnen ist die Ausbildung an einer Berufsakademie (BA) oder Wirtschaftsakademie (WA). Berufsakademien gibt es derzeit in Berlin, Hamburg, Hessen, Niedersachsen, im Saarland, in Sachsen, Schleswig-Holstein und in Thüringen. Die Ausbildungsregelungen und die angebotenen Fächer variieren von Standort zu Standort. Die Fächer umfassen folgende Bereiche:

- den technischen Bereich (Angewandte Informatik, Elektrotechnik, Holztechnik, Informationstechnik, Maschinenbau, Mechatronik, Kunststofftechnik, Medizintechnik, Produktionstechnik, Versorgungs- und Umwelttechnik u. Ä.),
- den Bereich Wirtschaft (Bankwirtschaft, Betriebswirtschaft, Gesundheitsmanagement, Handelsmanagement, Messe- und Kongressmanagement, Spedition / Transport / Verkehr / Logistik, Steuern und Prüfungswesen, Touristik, Versicherung u. Ä.) und
- an einigen Berufsakademien die Bereiche Sozialwesen und Gesundheit / Pflege (etwa mit den Studienrichtungen Kinder- und Jugendarbeit, Soziale Arbeit im Gesundheitswesen bzw. Physiotherapie, Rehabilitation).

Während der gesamten dreijährigen Ausbildung stehen die Auszubildenden in einem vertraglichen Ausbildungsverhältnis mit einem Betrieb (an den folglich auch die Bewerbung zu richten ist) oder mit einer Sozial- bzw. Gesundheitseinrichtung. Die Ausbildung erfordert in der Regel Abitur und gute Noten. Sie führt üblicherweise zum Abschluss Bachelor, nur noch wenige Berufsakademien vergeben das Diplom (BA).

Das Land Baden-Württemberg hat 2009 seinen Berufsakademien den Hochschulstatus zuerkannt und sie in der »Dualen Hochschule Baden-Württemberg« zusammengefasst. Ihre Abschlüsse sind akademische Grade, die ein Weiterstudium an in- und ausländischen Hochschulen ermöglichen.

Es gibt in Deutschland zwei Systeme bei der Berufsakademie-Ausbildung: nacheinander und parallel. Nacheinander heißt, erst folgt die praktische Berufsausbildung, anschließend die Ausbildung an der Berufs- bzw. Wirtschaftsakademie. Das zweite System verbindet Blöcke im Betrieb und an der Berufsakademie im Wechsel. Hinter den Berufsakademien stehen in der Regel große Unternehmen, die sich auf diese Art und Weise ihren betrieblichen Führungsnachwuchs heranbilden.

Der Betrieb oder die Sozial- bzw. Gesundheitseinrichtung zahlt für die gesamten drei Jahre eine Ausbildungsvergütung (zwischen 600 und 1200 Euro pro Monat, mit jedem Ausbildungsjahr ansteigend), also auch während der Studienphasen an der Berufsakademie, die man sich wie eine kleine Hochschule vorstellen kann (mit Bibliothek, Mensa, Wohnheimzimmern und so weiter).

INFO

Die Ausbildung an einer Berufsakademie ist für viele Abiturienten eine interessante Alternative zum reinen Studium: zügig, praxisnah, bei Personalverantwortlichen in gutem Ansehen und zudem noch bezahlt. Informationen zu Ausbildungen an einer Berufsakademie geben die Arbeitsagenturen sowie das Kapitel »Berufsakademien« in der Veröffentlichung *Studien- und Berufswahl*, die kostenlos über die Schulen verteilt wird. Im Internet bietet das Portal unter *www.ausbildungplus.de* weitere Informationen.

Auf der Homepage einer Berufsakademie sind für die jeweiligen Studienrichtungen Listen der ausbildenden Betriebe zu finden. Die Bewerbungen sind dann nicht an die Berufsakademie, sondern direkt an die Betriebe zu richten. Auch hier gilt, was für alle Bewerbungen um einen Ausbildungsplatz Gültigkeit hat: Auf die gute Bewerbung kommt es an. Mindestens ein Jahr vor dem Abitur sollte man sich bewerben und eineinhalb Jahre vorher Informationen einholen.

Gegenwärtig gibt es die im Folgenden aufgeführten Berufsakademien, an die man sich auch direkt wenden kann, um zunächst mehr über die angebotenen Ausbildungsgänge zu erfahren. Die postalischen Adressen, Telefonnummern und E-Mail-Adressen für weitere Informationen und zur persönlichen Kontaktaufnahme für die Bewerbung erhält man auf der jeweils angegebenen Homepage.

Baden-Württemberg

Duale Hochschule
Baden-Württemberg (DHBW)
mit mehreren Standorten:

DHBW Heidenheim
www.dhbw-heidenheim.de
info@dhbw-heidenheim.de

DHBW Karlsruhe
www.dhbw-karlsruhe.de
info@dhbw-karlsruhe.de

DHBW Lörrach
www.dhbw-loerrach.de
info@dhbw-loerrach.de

DHBW Mosbach
www.mosbach.dhbw.de
info@mosbach.dhbw.de

DHBW Heilbronn
www.heilbronn.dhbw.de
zentrale@heilbronn.dhbw.de

DHBW Ravensburg
Campus Ravensburg
www.ravensburg.dhbw.de
studieninfo@dhbw-ravensburg.de

DHBW Stuttgart
Campus Horb
www.dhbw-stuttgart.de/horb/home/
info@hb.dhbw-stuttgart.de

Berlin
Hochschule für
Wirtschaft und Recht Berlin
Fachbereich Duales Studium
www.hwr-berlin.de
studienberatung@hwr-berlin.de

DHBW Mannheim
www.dhbw-mannheim.de
info@dhbw-mannheim.de

DHBW Mosbach
Campus Bad Mergentheim
www.mosbach.dhbw.de,
dann »Campus Bad Mergentheim«, dann
»Kontakt«, dann »Kontaktformular«
oder Tel. 0 79 31 / 5 30 - 6 00

DHBW Ravensburg
Campus Friedrichshafen
www.ravensburg.dhbw.de
studieninfo@dhbw-ravensburg.de

DHBW Stuttgart
www.dhbw-stuttgart.de
info@dhbw-stuttgart.de

DHBW Villingen-Schwenningen
www.dhbw-vs.de
info@dhbw-vs.de

Bremen

Akademie der Wirtschaft
www.bwu-bremen.de
akademie@bwu-bremen.de

Bildungszentrum der Wirtschaft im
Unterwesergebiet e.V.
Schillerstraße 10
28195 Bremen
Tel. 04 21 / 3 63 25 - 0

IUBH School of Business
and Management
Campus Bremen
www.iubh-dualesstudium.de
bremen@iubh-dualesstudium.de

Hamburg

Berufsakademie Hamburg
www.ba-hamburg.de
info@ba-hamburg.de

Hessen

Hessische Berufsakademie
Studienorte Frankfurt und Kassel
BA gemeinnützige GmbH
www.hessische-ba.de
studienberatung@hessische-ba.de

Brüder-Grimm-Berufsakademie
Hanau
www.bg-ba.de
studierendensekretariat@bg-ba.de

Internationale Berufsakademie
der F + U Unternehmensgruppe
gGmbH
www.iba-darmstadt.com
info@iba-darmstadt.com

Berufsakademie Rhein-Main
Rödermark
studenten.ba-rm.de
info@ba-rm.de

Niedersachsen

Berufsakademie für Bankwirtschaft
Hannover
www.ba-bankwirtschaft.de
berufsakademie@genossenschafts-
verband.de

Verwaltungs- und Wirtschaftsakademie e.V.
www.vwa-goettingen.de
info@vwa-goettingen.de

Berufsakademie Emsland e. V.
Lingen
www.ba-emsland.de
ba@ba-emsland.de

Berufsakademie Ost-Friesland e. V.
www.bao-leer.de
info@bao-leer.de

Verwaltungs- und Wirtschaftsakademie (VWA) und
Berufsakademie (BA)
Lüneburg e. V.
www.vwa-lueneburg.de
wendland@vwa-lueneburg.de

Berufsakademie Holztechnik Melle e. V.
www.ba-melle.de
mail@ba-melle.de

Berufsakademie für IT und
Wirtschaft Oldenburg
www.ba-oldenburg.de
service@ba-oldenburg.de

WelfenAkademie e. V.
Braunschweig
www.welfenakademie.de
info@welfenakademie.de

Saarland
ASW Berufsakademie
Saarland e. V.
www.asw-berufsakademie.de
info@asw-berufsakademie.de

Sachsen
Berufsakademie Sachsen –
Staatliche Studienakademie Bautzen
www.ba-bautzen.de
info@ba-bautzen.de

Berufsakademie Sachsen –
Staatliche Studienakademie
Breitenbrunn
www.ba-breitenbrunn.de
unter: »Kontakt«
oder Tel. 03 77 56 / 70 - 1 10

Berufsakademie Sachsen –
Staatliche Studienakademie Plauen
www.ba-plauen.de
info@ba-plauen.de

Berufsakademie Sachsen –
Staatliche Studienakademie Dresden
www.ba-dresden.de
info@ba-dresden.de

Berufsakademie Sachsen –
Staatliche Studienakademie
Glauchau
www.ba-glauchau.de
info@ba-glauchau.de

Berufsakademie Sachsen –
Staatliche Studienakademie Leipzig
www.ba-leipzig.de
info@ba-leipzig.de

Berufsakademie Sachsen –
Staatliche Studienakademie Riesa
www.ba-riesa.de

Schleswig-Holstein
Wirtschaftsakademie
Schleswig-Holstein
Berufsakademie Flensburg
www.wak-sh.de
ba-fl@wak-sh.de

Wirtschaftsakademie
Schleswig-Holstein
Berufsakademie Kiel
www.wak-sh.de
ba-ki@wak-sh.de

Wirtschaftsakademie
Schleswig-Holstein
Berufsakademie Lübeck
www.wak-sh.de
ba-hl@wak-sh.de

Thüringen
Staatliche Studienakademie
Thüringen
Berufsakademie Eisenach
www.ba-eisenach.de
info@ba-eisenach.de

Staatliche Studienakademie
Thüringen
Berufsakademie Gera
www.ba-gera.de
info@ba-gera.de

Kombiausbildungen Theorie / Praxis beim Staat: Diplom-Verwaltungswirt / -in und Bachelor of Public Administration

Auch im öffentlichen Dienst wird für Abiturienten eine besondere Ausbildung angeboten – für den sogenannten gehobenen Dienst, früher auch Inspektorenlaufbahn genannt. Die Ausbildung dauert drei Jahre und ist eingeteilt in praktische Berufsausbildung in der Behörde und Theorieunterricht. Bei der gehobenen Laufbahn wird ein eineinhalbjähriges fachbezogenes Studium an einer Fachhochschule des Bundes (oder eines Bundeslandes) für öffentliche Verwaltung (FHöV) absolviert. Wie bei der Ausbildung an einer Berufsakademie erhalten die Auszubildenden während der gesamten Zeit eine Ausbildungsvergütung (etwa 800 bis 900 Euro). Am Ende der Ausbildung stehen nach bestandener Prüfung ein staatliches Zeugnis und der Abschluss zum / zur Diplom-Verwaltungswirt / -in. Vielfach wird mittlerweile auch ein Bachelor of Public Administration vergeben.

Einige Bundesländer lassen für Teilbereiche der Verwaltung (etwa Forstdienst oder Allgemeiner Verwaltungsdienst) auch an »normalen« Fachhochschulen – statt an einer Fachhochschule für öffentliche Verwaltung – ausbilden.

Die meisten Ausbildungen im Staatsdienst sind Verwaltungsausbildungen, die dazu qualifizieren, später als Sachbearbeiter / -in in der Behörde (mit entsprechenden Aufstiegsmöglichkeiten bei Leistung) zu arbeiten. Man spricht deshalb auch vom nichttechnischen Dienst. Darüber hinaus gibt es – allerdings etwas seltener – auch einige technische Ausbildungen.

Verschiedenste Behörden bilden für den gehobenen Dienst aus: städtische Behörden, Kreisbehörden, Landesbehörden und Bundesbehörden. Die Ausbildungsplätze werden entweder in Tageszeitungen oder auf der Homepage der jeweiligen Behörde ausgeschrieben oder sind den Arbeitsagenturen bekannt. Sinnvoll ist auch eine Initiativbewerbung bei einer speziellen Behörde, von der man sich vorstellen könnte, später einmal dort zu arbeiten.

Die Ausbildung beim Staat ist eine interessante Alternative zum Studium und zu einer Berufsausbildung in der unternehmerischen Wirtschaft: überschaubare Ausbildungszeit, Mischung von Theorie und Praxis, anerkannter Abschluss, Ausbildungsvergütung und eine Aussicht auf einen sicheren Arbeitsplatz im öffentlichen Dienst.

TIPP

Interessenten sollten die Informationen zu den Ausbildungen auf der Homepage der jeweiligen Behörde einsehen und das Kapitel »Öffentlicher Dienst« in *Studien- und Berufswahl* lesen. Ergiebige Recherche nach Ausschreibungen ermöglicht das Portal *www.bund.de* (Pfad »Stellenangebote«, dann »Ausbildung & Studium« auswählen).

Interessant, aber zum Teil sehr teuer: Berufsfachschulen

Für einige Berufe gibt es keine Lehre und auch kein Studienfach. Für sie wird an Berufsfachschulen ausgebildet. Hierzu gehören vor allem verschiedene Assistentenberufe in der Medizin, therapeutische Berufe, der Beruf des Heilpraktikers, Assistententätigkeiten im Hotel-, Gaststätten- und Fremdenverkehrsgewerbe, Fremdsprachenausbildungen (Europasekretär/-in, Fremdsprachenkorrespondent/-in u. Ä.) und diverse Schönheitsberufe.

Entweder sind hier Praxis und Theorie in einer Ausbildung zusammengefasst, oder an die theoretische Ausbildung schließt sich ein praktischer Kurs von einigen Wochen oder Monaten außerhalb der Berufsfachschule an.

Es gibt staatliche und (staatlich anerkannte) private Berufsfachschulen, die selbst die Prüfungen abnehmen oder in Kooperation mit einer staatlichen Stelle, und andere Berufsfachschulen, die auf eine bestimmte Abschlussprüfung hin ausbilden. Bei den zuerst genannten staatlichen und privaten Berufsfachschulen ist die Ausbildung so aufgebaut, dass nach einem bestimmten Vollzeit-Lehrplan nach zwei bis vier Jahren die jeweilige Prüfung abgelegt werden kann. Die anderen Berufsfachschulen hingegen vermitteln nur das Wissen, das für ein bestimmtes Examen benötigt wird. Sie geben aber keine Garantie dafür, dass die Prüfung bestanden wird. Dafür haben Auszubildende hier zuweilen die Möglichkeit, den Stoff in kürzerer Zeit zu lernen, oder es werden für Berufstätige Wochenend- oder Fernkurse angeboten.

Eine Besonderheit sind Schulen, an denen die klassischen medizinischen Berufe wie Gesundheits- und Krankenpfleger/-in, Hebamme, Orthoptist/-in usw. erlernt werden. Solche Berufsfachschulen sind an ein Krankenhaus oder eine Klinik angegliedert und zahlen ihren Schülern auch Ausbildungsvergütungen.

Ein wichtiger Unterschied zwischen Berufsfachschulen sind die Kosten: Staatliche Berufsfachschulen verlangen normalerweise keine Ausbildungskosten, allenfalls müssen Arbeitsbekleidung oder Lernmittel selbst beschafft werden. Die privaten Berufsfachschulen verlangen Geld für die Ausbildung. Alles, was die Berufsfachschule nicht selbst zur Verfügung stellt, muss zusätzlich angeschafft werden. Auch für ihre Krankenversicherung sind die Teilnehmer selbst zuständig.

Wie hoch die Studiengebühren sind, hängt davon ab, ob die jeweilige Berufsfachschule staatliche Zuschüsse bekommt. Ohne Zuschüsse fallen pro Monat einige Hundert Euro an, für eine dreijährige Ausbildung einschließlich Prüfungsgebühren und Unterrichtsmaterialien insgesamt 5000 bis zu 20000 Euro. Für den Lebensunterhalt kann, wenn die Voraussetzungen vorliegen, bei einer Ausbildung in staatlich anerkannten Ausbildungsberufen eine Unterstützung nach dem Bundesausbildungsförderungsgesetz (BAföG) beantragt werden.

Aufgrund der Kostenfrage sind die staatlichen Berufsfachschulen attraktiver und erhalten auch meistens mehr Bewerbungen, als Ausbildungsplätze zur Verfügung stehen. Die Ausbildung an einer privaten Berufsfachschule muss nicht zwangsläufig schlechter sein als die an einer staatlichen. Sie kostet nur mehr Geld und unterliegt weniger strengen Kontrollen. Wer sich für eine solche Berufsfachschule interessiert, sollte die Angebote sehr gründlich vergleichen und Informationen über die Qualität einholen. Auch unter den Berufsfachschulen befinden sich manche graue und einige schwarze Schafe, die mehr am Profit als an einer soliden Ausbildung interessiert sind.

An Berufsfachschulen gibt es etwa folgende Ausbildungsmöglichkeiten: Chemisch-technische/-r Assistent/-in, Ergotherapeut/-in, Fremdsprachenkorrespondent/-in, Fremdsprachensekretär/-in, Gesundheits- und Krankenpfleger/-in, Gesundheits- und Kinderkrankenpfleger/-in, Logopäde/Logopädin, Medizinische/-r Dokumentar/-in, Medizinisch-technische/-r Assistent/-in für Funktionsdiagnostik, Medizinisch-technische/-r Laboratoriumsassistent/-in, Medizinisch-technische/-r Radiologieassistent/-in, Pharmazeutisch-technische/-r Assistent/-in, Physikalisch-technische/-r Assistentin, Physiotherapeut/-in, Veterinärmedizinisch-technische/-r Assistent/-in.

TIPP

Weitere Informationen zu Berufsfachschulen sind bei den Berufsinformationszentren und auf der Homepage der Bundesagentur für Arbeit *(www.arbeitsagentur.de)* erhältlich. In der dortigen Datenbank KURSNET sind zu jedem Beruf die ausbildenden Schulen in Deutschland zu finden.

Praxis und Studium vereint: Duale Studiengänge

Eine Reihe von Unternehmen bildet ihren betrieblichen Führungsnachwuchs nicht nur an Berufsakademien aus, sondern arbeitet mit Fachhochschulen oder Universitäten (selten) zusammen und bietet an, eine Ausbildung in einem Lehrberuf parallel zu einem fachlich passenden Studium zu absolvieren. Solche Kombiausbildungen, auch duale oder ausbildungsintegrierte Studiengänge genannt, umfassen vor allem die Bereiche Wirtschaft, Technik, Informatik und vermehrt auch Gesundheits- und Pflegestudiengänge.

Obwohl es jeweils unterschiedliche Modelle gibt, sind sie nach einem ähnlichen System aufgebaut: Ein Unternehmen schließt einen Vertrag mit einer Hochschule, in der Regel einer Fachhochschule vor Ort. Manchmal sind auch mehrere Betriebe daran beteiligt. Der Betrieb übernimmt die praktische Ausbildung, und ein technischer oder betriebswirtschaftlicher Fachbereich der Hochschule übernimmt den theoretischen Teil, also das Studium. Es erfolgt eine Verzahnung der Ausbildungsinhalte, und die Ausbildungsdauer wird festgelegt. Ausbildungsverträge werden abgeschlossen, die auch eine Ausbildungsvergütung beinhalten. Gleichzeitig sieht der Vertrag eine Immatrikulation an der Hochschule von Ausbildungsbeginn an oder zu einem späteren Zeitpunkt vor.

Je nach Hochschule und Studienbereichen sind dann verschiedene Modelle üblich:

- *Parallele Ausbildung:* Der Student/Auszubildende pendelt zwischen dem Betrieb und der Hochschule. An ein, zwei oder drei Tagen pro Woche arbeitet er im Betrieb einschließlich Berufsschule und studiert die andere Zeit an der Hochschule. Zuweilen ist das Studium auf den Nachmittag und auf den Samstag beschränkt. Nach etwa zwei bis zweieinhalb Jahren kann die Gesellenprüfung

(Handwerk und Technik) oder die Gehilfenprüfung (kaufmännische Ausbildungen) abgelegt werden. Nach weiteren zwei bis drei Jahren kann das Studium dann mit einem Bachelor abgeschlossen werden.

- *Ausbildungsabschnitte nacheinander:* Erst erfolgt eine ganz normale Lehre, die nach zwei Jahren beendet wird, allerdings mit spezifischen theoretischen Kursen an der Hochschule. Darauf folgt ein Fachhochschulstudium, wobei ein Teil der vorherigen Ausbildung auf das Studium angerechnet wird.

- *Blockunterricht:* Alle sechs bis acht Wochen wechselt der Auszubildende an die Hochschule bzw. der Student wieder zurück in den Betrieb.

- *Auslandsaufenthalt:* Einige Ausbildungen sehen zusätzlich zur Berufsausbildung und zum Studium einen Auslandsaufenthalt vor, vermittelt durch den ausbildenden Betrieb oder durch die Fachhochschule.

- *Abschlüsse:* Nicht alle dualen Studiengänge sehen zwingend zwei Abschlüsse (Ausbildungsabschluss und Hochschulabschluss) vor. Der praktische Teil kann sich auch auf mehrmonatige Praktika in Unternehmen beschränken. Bei diesen Studiengängen spricht man von »praxisintegrierenden Studiengängen«.

Die Ausbildungsdauer beträgt in der Regel einschließlich der beiden Abschlüsse dreieinhalb bis viereinhalb Jahre. Einige Betriebe erklären sich schon vor der Ausbildung bereit, die Absolventen zu übernehmen oder sie bevorzugt einzustellen. Auch ohne eine solche Garantie oder Absichtserklärung ergeben sich für die Absolventen dieser kombinierten Ausbildungen gute berufliche Möglichkeiten.

Derzeit gibt es über 600 duale Studiengänge an Fachhochschulen und Universitäten.

Die nachfolgende Übersicht präsentiert eine Auswahl dieser Ausbildungsgänge und nennt die Hochschule, den Standort und den Namen des jeweiligen Studiengangs (Websites der Hochschulen siehe S. 171).

Universität / Fachhochschule	Lehre verbunden mit einem Studium in dem Fach:
Osterbayerische Technische Hochschule Amber-Weiden	• Angewandte Informatik • Betriebswirtschaft • Elektro- und Informationstechnik • Kunststofftechnik • Maschinenbau • Umwelttechnik • Wirtschaftsingenieurwesen
Hochschule Ansbach	• Wirtschaftsinformatik • Wirtschaftsingenieurwesen
Hochschule Augsburg	• Bauingenieurwesen • Elektrotechnik • Mechatronik
Fachhochschule der Wirtschaft Bergisch Gladbach	• Betriebswirtschaft • Wirtschaftsinformatik
Beuth Hochschule für Technik (vorher Technische Fachhochschule Berlin)	• Betriebswirtschaftslehre
Evangelische Hochschule Berlin	• Nursing
Hochschule Bochum	• Bauingenieurwesen Dual • Kooperative Ingenieurausbildung Elektrotechnik • Kooperative Ingenieurausbildung Technische Informatik • Kooperative Ingenieurausbildung Maschinenbau • Kooperative Ingenieurausbildung Mechatronik • Kooperative Ingenieurausbildung Vermessung

35

Universität / Fachhochschule	Lehre verbunden mit einem Studium in dem Fach:
Hochschule für Gesundheit Bochum	• Ergotherapie • Hebammenkunde • Logopädie • Pflege • Physiotherapie
Technische Hochschule Brandenburg	• Augenoptik / Optische Gerätetechnik • Gebäudesystemtechnik
Ostfalia – Hochschule für angewandte Wissenschaften Fachhochschule Braunschweig / Wolfenbüttel	• Elektrotechnik im Praxisverbund • Energie- und Gebäudetechnik im Praxisverbund • Informatik im Praxisverbund • Maschinenbau • Wirtschaftsingenieurwesen – Maschinenbau • Wirtschaftsingenieurwesen – Elektro- und Informationstechnik
Hochschule Bremen	• Betriebswirtschaftslehre • Informatik • Mechanical Production and Engineering • Mechatronik
Hochschule für angewandte Wissenschaften Coburg	• Automobiltechnik und Management • Bauingenieurwesen • Betriebswirtschaft • Elektrotechnik • Integrative Gesundheitsförderung • Versicherungswirtschaft

Universität / Fachhochschule	Lehre verbunden mit einem Studium in dem Fach:
Technische Hochschule Deggendorf	• Angewandte Gesundheitswissenschaften • Angewandte Informatik • Bauingenieurwesen • Betriebswirtschaft • Elektro- und Informationstechnik • International Management • Maschinenbau • Mechatronik • Medientechnik • Pflege Dual • Produktionstechnik • Tourismusmanagement • Wirtschaftsinformatik • Wirtschaftsingenieurwesen
Fachhochschule Dortmund	• Versicherungswirtschaft
Universität Duisburg-Essen, Standort Duisburg	• Steel Technology and Metal Forming
Nordakademie. Hochschule der Wirtschaft, Elmshorn	• Betriebswirtschaftslehre • Wirtschaftsinformatik • Wirtschaftsingenieurwesen
Fachhochschule Erfurt	• Bauingenieurwesen • Wirtschaftsingenieur/-in Eisenbahnwesen • Gebäude- und Energietechnik
Universität Erlangen-Nürnberg	• Business Administration • Steuern • Versicherungen

Universität / Fachhochschule	Lehre verbunden mit einem Studium in dem Fach:
FOM Hochschule für Oekonomie & Management, Standort Essen	• Business Administration • Elektrotechnik und Informationstechnik • Wirtschaftswissenschaft
Frankfurt School of Finance & Management Frankfurt / M.	• Betriebswirtschaftslehre • Wirtschaftsinformatik
Fachhochschule Frankfurt am Main	• Luftverkehrsmanagement
Westfälische Hochschule, Standort Ahaus	• Informationstechnik • Mechatronik
Westfälische Hochschule, Standort Gelsenkirchen	• Elektrotechnik • Wirtschaftsingenieurwesen / Facility Management • Physikalische Technik • Maschinenbau • Versorgungs- und Entsorgungstechnik • Wirtschaft
Martin-Luther-Universität Halle-Wittenberg	• Gesundheits- und Pflegewissenschaften
Hochschule Hannover	• Bank- und Versicherungswesen • Elektrotechnik und Informationstechnik • Konstruktionstechnik • Mechatronik • Pflege • Produktionstechnik • Wirtschaftsingenieurwesen / Technischer Vertrieb • Wertschöpfungsmanagement im Maschinenbau • Veranstaltungsmanagement

Universität / Fachhochschule	Lehre verbunden mit einem Studium in dem Fach:
Fachhochschule (FHDW) für die Wirtschaft Hannover	• Betriebswirtschaft • Informatik • Mechatronik • Wirtschaftsinformatik • Wirtschaftsingenieurwissenschaften
Hochschule Heilbronn	• Mechatronik und Mikrosystemtechnik
Hochschule für angewandte Wissenschaft und Kunst Hildesheim / Holzminden / Göttingen	• Elektrotechnik / Informationstechnik • Immobilienwirtschaft und -management • Physikalische Technologien • Präzisionsmaschinenbau
Hochschule Hof	• Betriebswirtschaft • Informatik • Innovative Textilien • Internationales Management • Maschinenbau • Medieninformatik • Umweltingenieurwesen • Werkstofftechnik • Wirtschaftsinformatik • Wirtschaftsingenieurwesen • Wirtschaftsrecht
Hochschule Fresenius, Standort Idstein	• Ergotherapie • Gesundheits- und Krankenpflege • Logopädie • Physiotherapie

Universität / Fachhochschule	Lehre verbunden mit einem Studium in dem Fach:
Technische Hochschule Ingolstadt	• Betriebswirtschaft • Elektro- und Informationstechnik • Elektrotechnik mobiler Systeme • Energietechnik und Erneuerbare Energien • Maschinenbau • Mechatronik • Wirtschaftsingenieurwesen
Fachhochschule Südwestfalen, Standorte Iserlohn und Hagen	• Betriebswirtschaft, Studienrichtung Wirtschaftsrecht • Elektrotechnik • Frühpädagogik • Kunststofftechnik • Maschinenbau • Mechatronik • Wirtschaftsingenieurwesen • Wirtschaftsrecht
Universität Kassel	• Elektrotechnik • Informatik • Ökologische Landwirtschaft • Wirtschaftsingenieurwesen
Hochschule für angewandte Wissenschaften Kempten	• Elektro- und Informationstechnik • Maschinenbau • Tourismus-Management

Universität / Fachhochschule	Lehre verbunden mit einem Studium in dem Fach:
TH Köln	• Bauingenieurwesen • Energie- und Gebäudetechnik • Pharmazeutische Chemie • Technische Chemie
Hochschule Ostwestfalen-Lippe, Standort Lemgo	• Architektur • Betriebswirtschaftslehre • Elektrotechnik • Holztechnik • Innenarchitektur • Logistik • Maschinentechnik • Mechatronik • Produktionstechnik • Technische Informatik • Angewandte Informatik • Wirtschaftsingenieurwesen
Hochschule Ludwigshafen am Rhein	• Business and International Programm (BIP) • Gesundheitsökonomie im Praxisverbund (GiP) • Hebammenwesen • Logistik • Pflege • Weinbau und Oenologie
Hochschule Mainz	• Betriebswirtschaft • Medien, IT und Management

Universität / Fachhochschule	Lehre verbunden mit einem Studium in dem Fach:
Otto-von-Guericke-Universität Magdeburg	• Elektrotechnik und Informationstechnik • Informatik • Ingenieurinformatik • Maschinenbau • Mechatronik • Verfahrenstechnik • Wirtschaftsinformatik • Wirtschaftsingenieur Logistik • Wirtschaftsingenieurwesen Maschinenbau
Hochschule Merseburg	• Kunststofftechnik • Wirtschaftsingenieurwesen
Hochschule für angewandte Wissenschaften München	• Augenoptik / Optometrie • Bauingenieurwesen • Betriebswirtschaft • Elektrotechnik und Informationstechnik • Energie- und Gebäudetechnik • Fahrzeugtechnik • Informatik • Maschinenbau • Pflege • Tourismus-Management • Verfahrenstechnik • Wirtschaftsinformatik

Universität / Fachhochschule	Lehre verbunden mit einem Studium in dem Fach:
Katholische Stiftungsfachhochschule München	• Pflege
Hochschule Neubrandenburg	• Agrarwirtschaft • Lebensmitteltechnologie • Pflegewissenschaft / Pflegemanagement
Hochschule Neu-Ulm	• Wirtschaftsingenieurwesen • Wirtschaftsingenieurwesen / Logistik • Wirtschaftsinformatik
Hochschule Niederrhein, Standorte Krefeld und Mönchengladbach	• Betriebswirtschaft • Chemie und Biotechnologie • Chemieingenieurwesen • Elektrotechnik • Maschinenbau • Mechatronik • Steuern und Wirtschaftprüfung • Textil- und Bekleidungstechnik • Verfahrenstechnik • Wirtschaftsinformatik • Wirtschaftsingenieurwesen • Health Care Management

Universität / Fachhochschule	Lehre verbunden mit einem Studium in dem Fach:
Technische Hochschule Nürnberg Georg Simon Ohm	• Angewandte Chemie • Bauingenieurwesen • Betriebswirtschaft • Elektro- und Informationstechnik • Informatik • Maschinenbau • Mechatronik / Feinwerktechnik • Medieninformatik • Verfahrenstechnik • Versorgungstechnik • Werkstofftechnik • Wirtschaftsinformatik
EBS Universität für Wirtschaft und Recht, Oestrich-Winkel und Wiesbaden	• Aviation Management
Hochschule Osnabrück	• Betriebswirtschaft • Engineering technischer Systeme • Ergotherapie, Physiotherapie • Führung und Organisation • Kunststofftechnik im Praxisverbund • Management betrieblicher Systeme • Maschinenbau im Praxisverbund • Pflege • Wirtschaftsinformatik • Wirtschaftsingenieurwesen

Universität / Fachhochschule	Lehre verbunden mit einem Studium in dem Fach:
FHDW Fachhochschule der Wirtschaft, Paderborn	• Betriebswirtschaft • International Business • Wirtschaftsinformatik • Wirtschaftsrecht
Ostbayerische Technische Hochschule Regensburg	• Bauingenieurwesen • Betriebswirtschaft • Elektro- und Informationstechnik • Maschinenbau • Mechatronik • Mikrosystemtechnik • Pflege Dual • Technische Informatik • Wirtschaftsinformatik
Hochschule Rosenheim	• Betriebswirtschaft • Elektro- und Informationstechnik • Holzbau und Ausbau • Informatik • Innenausbau • Kunststofftechnik • Mechatronik • Pflege • Produktionstechnik • Wirtschaftsinformatik • Wirtschaftsingenieurwesen
Hochschule Ruhr West, Standort Mülheim	• Maschinenbau

Universität / Fachhochschule	Lehre verbunden mit einem Studium in dem Fach:
Universität des Saarlandes, Saarbrücken	• Betriebswirtschaftslehre
Hochschule Schmalkalden	• Elektrotechnik und Informationstechnik • Maschinenbau
Universität Siegen	• Bauingenieurwesen • Elektrotechnik • Maschinenbau • Wirtschaftsinformatik
Fachhochschule Stralsund	• Maschinenbau
Hochschule Ulm	• Elektrotechnik und Informationstechnik • Energiesystemtechnik • Fahrzeugtechnik • Internationale Energiewirtschaft • Maschinenbau • Mechatronik • Medizintechnik • Produktionstechnik • Wirtschaftsingenieurwesen • Wirtschaftsingenieurwesen-Logistik
Fachhochschule Westküste, Hochschule für Wirtschaft und Technik, Heide	• Betriebswirtschaftslehre
Hochschule Weihenstephan-Triesdorf	• Gartenbau • Landschaftsbau und -management • Landwirtschaft

Universität / Fachhochschule	Lehre verbunden mit einem Studium in dem Fach:
Hochschule für angewandte Wissenschaften Würzburg-Schweinfurt	• Bauingenieurwesen • Betriebswirtschaft • Elektrotechnik und Informationstechnik • Logistik • Maschinenbau • Wirtschaftsingenieurwesen
Bergische Universität Wuppertal	• Bauingenieurwesen • Druck- und Medientechnologie • Elektrotechnik • Maschinenbau
Hochschule Zittau / Görlitz	• Automatisierung und Mechatronik • Chemie • Elektrische Energiesysteme • Elektrotechnik • Energie- und Umwelttechnik • Informatik • Maschinenbau • Mechatronik
Westsächsische Hochschule Zwickau	• Elektrotechnik • Kraftfahrzeugtechnik • Kraftfahrzeugelektronik • Maschinenbau • Wirtschaftsingenieurwesen

TIPP

Weitere Informationen über duale Studienangebote an Fachhochschulen und Universitäten unter *www.studienwahl.de* und in der Datenbank »FINDER«. Sehen Sie hierzu unter *www.studienwahl.de/de/studieren/finder.htm* und wählen Sie unter »Studienform« dann »Dual: Ausbildungsintegriert (Studium + Lehre)« oder »Dual: Praxisintegrierendes Studium«.

Neu: Das triale Studium – drei Abschlüsse in einem Ausbildungspaket

Das duale Studium verbindet eine Berufsausbildung in einem Unternehmen mit einem dazu passenden Studium. Es wechseln sich also Praxis im Betrieb und Theorie an der Fachhochschule oder Universität ab, sodass nach etwa dreieinhalb bis viereinhalb Jahren zwei Abschlüsse erworben werden können – der Abschluss entweder in kaufmännischen, technischen oder IT-Berufen, im Handwerk oder im Gesundheits- und Sozialwesen und der Bachelor einer Fachhochschule oder einer Universität.

Neu und auf Handwerksberufe beschränkt, ist das triale Studium. Vereinfacht ausgedrückt, verbindet eine solche »Turboausbildung« drei Abschlüsse: den Gesellenbrief in einem handwerklichen Beruf, den Bachelor an einer Fachhochschule sowie den Besuch einer Meisterschule mit dem Abschluss eines Handwerksmeisters respektive einer Handwerksmeisterin. Das Ganze ist in etwa fünf Jahren zu bewältigen. Wollte man die drei Ausbildungen nacheinander absolvieren, würde man bis zu neun Jahre brauchen (drei Jahre Berufsausbildung, drei bis vier Jahre Studium, zwei Jahre Meisterschule). Hier ist also eine Zeitersparnis von bis zu vier Jahren möglich.

Diese Dreifach-Ausbildung kann man sich in etwa so vorstellen: Die Ausbildung in einem Handwerksberuf wird auf zwei bis zweieinhalb Jahre verkürzt. Während der Ausbildung werden Lehrveranstaltungen an einer Fachhochschule besucht. Nach dem Berufsabschluss erfolgt ein intensives Weiterstudium an der Hochschule. Als Letztes folgen Bachelorarbeit und Besuch der Meisterschule mit abschließender Meisterprüfung.

Formale Voraussetzung ist, dass Betriebe, die sich an einer solchen Ausbildung beteiligen möchten, sich mit einer regionalen Handwerkskammer und einer in der Nähe gelegenen Fachhochschule zusammentun. Diese legen dann gemeinsam die Lehrpläne und Ausbildungsziele fest.

Pioniere waren die Handwerkskammern Hannover, Köln und Düsseldorf. Die aktuell meisten Angebote gibt es in Nordrhein-Westfalen. So wie es beim dualen Studium war, das vor etwa 20 Jahren ebenfalls mit kleinen Schritten begann, ist auch beim trialen Studium mit einer Ausweitung in den nächsten Jahren zu rechnen, denn die Vorteile liegen klar auf der Hand: Dreifachabschluss für künftige Führungskräfte in einem überschaubaren Zeitraum, die fernab von Studiengebühren oder Problemen bei der Studienfinanzierung eine Dreifach-Qualifikation erwerben können.

Allerdings hat dieses Modell auch seine Schattenseiten: Es ist extrem arbeitsintensiv. Deshalb ist es besonders geeignet für Abiturienten, die sehr leistungsorientiert sind und sich neben einer durchaus stressigen Berufsausbildung auch vorstellen können, über einen Zeitraum von etwa zwei Jahren – den ersten zwei der Ausbildung – abends zu studieren und die ihre Ausbildung auch sehr selbstdiszipliniert gestalten können.

Im Moment ist noch nicht klar, in welche Richtung sich das triale Studium weiterentwickeln kann. Nimmt man die Erfahrungen des dualen Studiums, dann dürfte sich das Angebot in den nächsten Jahren, was beteiligte Betriebe, Handwerkskammern und Fachhochschulen anbelangt, erhöhen. Ob sich das Modell auch auf andere Wirtschaftsbereiche übertragen lässt, ist im Moment offen. Duale Ausbildungen im kaufmännischen, IT- sowie im Gesundheits- und Sozialbereich kennen keine Meisterprüfung.

Wer Interesse an einer solchen Dreifach-Qualifikation hat, sollte sich an die jeweilige Handwerkskammer wenden, um nachzufragen, ob ein solches triales Studium bereits angeboten wird oder sich in Planung befindet.

(Quellen: Julia Ruhnau, »Drei Abschüsse in fünf Jahren«, in: *Rhein Main Presse*, Anzeigen-Sonderveröffentlichung vom 30. Januar 2016 – Ausgabe Mainz, S. 1; Friederike Lübke, »Wie man in fünf Jahren seinen Bäcker-Bachelor macht«, *Die Welt* vom 11.04.2015, *www.welt.de/wirtschaft/karriere/bildung/article139408475/Wie-man-in-fuenf-Jahren-seinen-Baecker-Bachelor-macht.html* (zuletzt aufgerufen 29.06.2016).)

Für Anwendungsbezogene: Das Fachhochschulstudium

Die Fachhochschulen wurden vor etwa 45 Jahren mit dem Ziel eingerichtet, Personen mit einem mittleren Bildungsabschluss und praktischer Berufserfahrung ein kurzes berufsbezogenes Studium zu ermöglichen. Inzwischen ist ein Fachhochschulstudium aber auch bei Abiturienten sehr beliebt. Derzeit sind von den insgesamt 2,8 Mio. Studierenden rund 930 000 an Fachhochschulen eingeschrieben.

Fachhochschulen tragen nicht mehr durchgängig die Bezeichnung »Fachhochschule« im Namen – viele haben sich in den letzten Jahren umbenannt und nennen sich »Hochschule«, »Technische Hochschule« oder »Hochschule für angewandte Wissenschaften«.

Das Fächerangebot umfasst die folgenden Bereiche: Ingenieurwesen, Wirtschaft, Architektur und Innenarchitektur, Sozialwesen, Gesundheits- und Pflegestudiengänge, Übersetzen und Dolmetschen, Land- und Forstwirtschaft, Gestaltung und Design.

Voraussetzung für ein Studium an einer Fachhochschule ist die allgemeine Hochschulreife, die fachgebundene Hochschulreife oder die Fachhochschulreife. Die meisten Studienfächer erfordern ein einschlägiges Praktikum von einigen Wochen bis zu einem Jahr, meistens vor dem Studium. Das Studium ist relativ straff organisiert, in Seminaren herrscht in der Regel Anwesenheitspflicht. Den Abschluss des Studiums bildet ein Bachelor- und anschließend ggf. ein Mastergrad (siehe zum Aufbau der Bachelor- und Master-Studiengänge auch S. 51 f.). Wer nach dem Master noch promovieren möchte, der muss auf eine Universität wechseln, denn an Fachhochschulen ist keine Promotion möglich.

Die Ausbildung an einer Fachhochschule orientiert sich stark an den praktischen Anforderungen im späteren Beruf. Dies ist sicher auch ein Grund dafür, dass Fachhochschulabsolventen den beruflichen Einstieg nach dem Studium im Durchschnitt schneller schaffen als Hochschulabsolventen, die von der sogenannten Sucharbeitslosigkeit nach dem Studium länger betroffen sind.

Studiengebühren fallen an staatlichen Fachhochschulen nicht an; das Land Niedersachsen hat als letztes Bundesland diese wieder abgeschafft.

Bewerbungen für einen FH-Studienplatz erfolgen für die meisten Fächer direkt bei der Fachhochschule. Faustregel: Bewerbung etwa sechs Monate vor dem beabsichtigten Studienbeginn, der entweder zum 1. September oder (gilt nur für einige Fächer) auch zum 1. März erfolgt, einreichen. Wer ein gestalterisches Fach studieren möchte, sollte mindestens eineinhalb Jahre vorher mit der Fachhochschule Kontakt aufnehmen.

TIPP

Informationen zum Studienangebot der Fachhochschulen geben die jeweiligen Studienberatungen. Sie stehen für persönliche Beratungsgespräche zur Verfügung. Beschreibungen der Studiengänge und Zulassungsbedingungen sind auf der Hochschul-Website zu finden.

Viele Angebote, doch teilweise überlaufen: Studium an einer wissenschaftlichen Hochschule

Das Studium an einer wissenschaftlichen Hochschule, worunter man Universitäten, Technische Universitäten, Pädagogische Hochschulen, die Deutsche Sporthochschule Köln, Kirchliche und Theologische Hochschulen usw. versteht, zeichnet sich u. a. durch ein deutliches Übergewicht der theoretischen Ausbildung aus.

Praxisorientierte Lehrveranstaltungen sind in den meisten Fächern Mangelware. Auch sind weniger externe Praktika vorgeschrieben als an Fachhochschulen. Ein großer Vorteil liegt aber in der Breite des Fächerangebotes und damit auch der Möglichkeit, sich umfassend zu bilden. Eine große Auswahl an möglichen (und teilweise auch vorgeschriebenen) Nebenfächern ist an fast allen Hochschulen gegeben. Ein Studium an wissenschaftlichen Hochschulen schließt in der Regel mit dem Bachelor- und Mastergrad oder dem Staatsexamen ab. Diplom- und Magisterstudiengänge wurden fast komplett auf das Bachelor-/Master-Studienmodell umgestellt. Hierbei wird, je nach Studienfach, der Bachelor/Master of Arts, der Bachelor/Master of Science, der Bachelor/Master of Engineering und der Bachelor/Master of Education vergeben.

Kennzeichen der Bachelor- und Masterstudiengänge ist die Unterteilung in Module. Ein Modul bezeichnet einen Verbund von unterschiedlichen Lehrveranstaltungen (etwa eine Vorlesung, eine Übung und ein Seminar) zu einem Oberthema. Da vielfach die zu einem Modul gehörenden Lehrveranstaltungen nicht in einem Semester angeboten werden, erstreckt sich der erfolgreiche Abschluss eines Moduls meistens über zwei, zuweilen auch über drei Semester. Für die in einem Modul erbrachte Arbeitsleistung werden nach einem speziellen System, dem European Credit Transfer System (ECTS), sogenannte Leistungspunkte (auch »Credit Points« oder »ECTS-

Punkte« genannt) vergeben, wobei auch das Selbststudium zu Hause eingerechnet wird. Ein Leistungspunkt entspricht dabei 30 Stunden Arbeit.

Die Leistungspunkte werden im Laufe des Studiums addiert. Pro Semester sollen 30 ECTS-Punkte erworben werden. Ein Bachelorstudium umfasst demnach in der Regel 180 oder (selten) 210 ECTS-Punkte, ein Masterstudium 120 ECTS-Punkte.

Prüfungen werden in den Bachelorstudiengängen nicht mehr geblockt in der Mitte und am Ende des Studiums abgelegt, sondern studienbegleitend. Es wird zwar auch eine Abschlussarbeit verfasst, deren Bewertung hat in der Gesamtexamensnote aber nicht das Gewicht wie in den früheren Diplom- und Magister-Artium-Studiengängen.

Ein Sonderfall sind die Universitäten der Bundeswehr in München und Hamburg, die nur offen sind für Offiziere auf Zeit (die sich für mindestens 13 Jahre verpflichtet haben) oder Berufsoffiziere. Die Universitäten der Bundeswehr haben nur ein begrenztes Fächerangebot. Während des Studiums erhalten die Offiziere ihr Gehalt und können sorgenfrei studieren.

Wer einen Master, ein Diplom, einen Magister Artium oder ein Staatsexamen mit sehr gutem Erfolg abgeschlossen hat (ein Bachelor reicht nur im Ausnahmefall), für den besteht die Möglichkeit zur Promotion, also zum Erwerb eines Doktortitels. Der Berufseinstieg mit universitärem Abschluss ist nicht so einfach wie mit einem Fachhochschulzeugnis. Ist er jedoch erst einmal geschafft, sind die langfristigen Aufstiegsmöglichkeiten besser.

Finanzielles: In keinem Bundesland werden mehr Studiengebühren für das universitäre Studium erhoben.

Für die Bewerbung gilt Ähnliches wie bei der Fachhochschule: ein halbes Jahr vor Studienbeginn bei der Hochschule oder bei *hochschulstart.de*. Von *hochschulstart.de* werden die begehrten medizinischen Studienplätze und die für Pharmazie vergeben, ebenso ist *hochschulstart.de* über das sogenannte *Dialogorientierte Serviceverfahren* an der Studienplatzvergabe von zahlreichen zulassungsbeschränkten Studienplätzen an Hochschulen bundesweit beteiligt (siehe hierzu auch S. 142 – 150).

Für die meisten Studiengänge ist kein vorheriges Praktikum erforderlich (Ausnahme: Ingenieurfächer, Architektur, Informatik).

TIPP

Um Informationen zu universitären Studiengängen zu erhalten, sollte man zuerst auf die Website der jeweiligen Universität gehen, die in der Regel eine Beschreibung ihrer Studiengänge und die Zulassungsbedingungen enthält, und sich im Anschluss bei der Zentralen Studienberatung informieren.

Für Begabte: Studium Musik, Kunst, Sport

Das Studium an künstlerischen Hochschulen, zu denen Kunsthochschulen, Hochschulen für Film und Fernsehen oder für Schauspielkunst, Hochschulen für Gestaltung und die Musikhochschulen zählen, steht nur denjenigen offen, die eine besondere Begabung durch eine Aufnahmeprüfung nachweisen können. Diese Hochschulen bilden den künstlerischen bzw. den musikalischen Nachwuchs aus.

Die Kunsthochschulen als Teil der künstlerischen Hochschulen sind staatliche Hochschulen in den bildenden Fächern. Angeboten werden rein künstlerische Ausbildungen zum Maler, Grafiker, Bildhauer, für Gestaltung / Design und für angehende Architekten und Innenarchitekten. Mancherorts kann man auch Kunsterziehung für den Schuldienst studieren. Die Hochschulen für Musik und / oder Theater bilden den künstlerischen Nachwuchs für Theater, Oper, Operette, Konzert, Musik- und Tanzschulen sowie Musiklehrer für den Schuldienst aus.

An der Kunsthochschule kann nur studieren, wer seine künstlerische Eignung durch Vorlage einer Mappe und Bestehen einer Aufnahmeprüfung nachweist. Musikhochschulen prüfen – je nach Studiengang – Gehör, Stimme und die Beherrschung eines Musikinstrumentes oder von mehreren Musikinstrumenten. Auch Basiskenntnisse der Musikgeschichte werden abgefragt.

An der Deutschen Sporthochschule Köln (es gibt nur die eine in Deutschland) studieren keine Sportasse, sondern angehende Sporttrainer für die verschiedensten Sportarten, Sportjournalisten, Sportlehrer für den Schuldienst und Sportmanager. Die Ausbildung an der Deutschen Sporthochschule ist sowohl theoretisch wie auch praktisch ausgerichtet. Voraussetzung für das Studium ist eine Aufnahmeprüfung, die die körperliche und sportliche Eignung in Individual- und Mannschaftssportarten prüft. Wichtig ist, vielseitig sportlich begabt zu sein anstatt nur in einer Sportart ein Supertalent.

TIPP

Interessenten für das Studium an Kunst- und Musikhochschulen sowie an der Deutschen Sporthochschule Köln sollten mindestens ein bis eineinhalb Jahre vor der geplanten Studienaufnahme mit der Bewerbung beginnen, da die Aufnahmeprüfungen sehr anspruchsvoll sind und einer umfangreichen Vorbereitung bedürfen.

Die Alternative: Studium an einer privaten Hochschule

Es gibt in Deutschland mehrere private Universitäten und eine Vielzahl von privaten Fachhochschulen (siehe hierzu »Hochschulen in Deutschland mit Internetadressen«, S. 171). Derzeit werden hier etwa 180 000 Studierende ausgebildet. Bei den privaten Hochschulen scheiden sich vielfach noch die Geister. Die einen sehen darin Einrichtungen, bei denen Sprösslinge von betuchten Bundesbürgern gegen entsprechende Geldzahlungen, sprich Studiengebühren, einen Studienabschluss erlangen können. Für die anderen sind private Hochschulen feine Kaderschmieden für künftige Eliten in Gesellschaft, Wirtschaft und Staat.

Private Hochschulen sind kein Refugium für »geistige Tiefflieger«; sie haben zum Teil sehr schwierige Aufnahmeprüfungen und wählen ihre Studierenden unter einer großen Zahl von Bewerbern aus. Auch wenn der Staat diese Hochschulen nicht finanziert, kontrolliert er ihr Angebot und ihre Leistungsfähigkeit. Private Hochschulen sind also nicht leistungsschwächer, aber in der Regel auch nicht leistungsstärker als die staatlichen Hochschulen. Der große Unterschied besteht darin, dass in den privaten Hochschulen die Betreuungsverhältnisse zwischen Lehrenden und Lernenden im Durchschnitt besser sind als in den staatlichen und somit eine intensivere Betreuung während des Studiums möglich ist.

Man kann dort jedoch nur gegen hohe Studiengebühren studieren, es sei denn, man gehört zu den wenigen, die ein Stipendium der Hochschule bekommen. Jährliche Studiengebühren von 6 000 bis 12 000 Euro summieren sich im Laufe eines Studiums auf einen Betrag von 24 000 bis über 60 000 Euro. Teilweise können diese Studiengebühren über Kredite finanziert werden.

Von sehr wenigen Bereichen wie Unternehmensführung abgesehen, bieten die privaten Hochschulen nicht unbedingt bessere berufliche Chancen als die staatlichen

Hochschulen. Durch die Vorteile der privaten Hochschulen (Arbeit in Kleingruppen, intensive Betreuung durch die Dozenten, Wechsel von Theorie und Praxis, Auslandsaufenthalte als Teil des Studiums und in der Regel kürzere Studienzeiten) sind die Einstiegschancen nach dem Studium aber recht gut.

Wer sich von den hohen Studiengebühren nicht abschrecken lässt, sollte sich also über das Angebot der privaten Hochschulen sehr genau informieren und es mit dem Angebot staatlicher Hochschulen vergleichen.

Fern der Heimat: Studieren im Ausland

In einem vereinten Europa und einer globalisierten Welt spielt das Studium im Ausland eine wichtige Rolle. Und wer möchte nicht gern ein anderes Land und ein anderes Ausbildungssystem kennenlernen, vorhandene Sprachkenntnisse verbessern und für den späteren Beruf wichtige Auslandserfahrungen sammeln?

Zwischen dem Wunsch und der Wirklichkeit klafft allerdings eine Lücke. Es studieren lediglich ein paar Tausend deutsche Abiturienten im Ausland mit dem Ziel, dort ein komplettes Studium zu absolvieren. Die Ursachen hierfür sind eher banaler Art. Viele Länder klagen über überlaufene Hochschulen und erschweren die Zugänge für Ausländer. Meist reicht das deutsche Abitur nicht aus, um zum Studium zugelassen zu werden. Vor Studienbeginn steht eine Aufnahmeprüfung, die häufig auch zwei Drittel der Einheimischen nicht bestehen. Bereits bei der Bewerbung müssen Kenntnisse der Landessprache nachgewiesen werden. Die meisten ausländischen Hochschulen erheben sehr hohe Studiengebühren. Stipendien sind oft auf die einheimischen Studierenden begrenzt. Viele bürokratische Hürden müssen überwunden werden, von der Bewerbung über die Aufenthaltserlaubnis für das Zielland bis hin zur Anerkennung des ausländischen Studienabschlusses in Deutschland.

Deshalb gehen viele Studierende folgendermaßen vor: Sie studieren an der deutschen Hochschule vier Semester (schließen also das Grund-/Basisstudium ab), gehen anschließend für ein Jahr an eine ausländische Hochschule, kehren danach nach Deutschland zurück und machen hier Examen. Dies reduziert die Kosten, da nur für einen befristeten Aufenthalt Studiengebühren anfallen. Zudem vergeben viele deutsche Organisationen Stipendien für ein befristetes Auslandsstudium (übernehmen häufig auch die Studiengebühren) und kümmern sich vor Ort um die Dinge, die ansonsten von den Studenten selbst organisiert werden müssen.

Eine interessante Alternative sind international oder zweisprachig ausgerichtete Studiengänge in Deutschland, die in der Regel einen Auslandsaufenthalt und / oder Auslandspraktika in ihr Studienprogramm einschließen.

Ausbildungswege in der Übersicht

Ausbildung	Betriebliche Ausbildung	Berufsakademien / Duale Hochschule Baden-Württemberg	Öffentlicher Dienst	Berufsfachschule
Lernort	Betrieb und Berufsschule	Betrieb oder Sozialeinrichtung und Berufsakademie (BA) oder DHBW	Behörde und Fachhochschule für öffentliche Verwaltung (FHöV)	Berufsfachschule
Dauer	2 – 3 1/2 Jahre	3 Jahre	3 Jahre	unterschiedlich, je nach Ausbildung 2 – 4 Jahre
Status während der Ausbildung	Auszubildende / -r	Auszubildende / -r Student / -in	Beamtenanwärter / -in	Fachschüler o. ä.
Abschluss	Geselle / Gesellin (Handwerk); Gehilfe / Gehilfin (Industrie und Handel)	Bachelor, Diplom (BA)	Diplom-Verwaltungswirt / -in, Bachelor of Public Administration	diverse Abschlüsse möglich
Fächer	Industrie, Handel, Handwerk, öffentlicher Dienst; rd. 350 anerkannte Ausbildungsberufe	Wirtschaft, Technik, Sozialwesen	öffentlicher Dienst, Verwaltung	Gesundheitsberufe, verschiedene Assistentenberufe, Schönheitsberufe
Theorie-Praxis-Verhältnis	praxisorientierte Ausbildung im Betrieb; Theorie wird an 1 bis 2 Wochentagen an der Berufsschule vermittelt (oder in Blockform) Verhältnis: etwa 25 : 75	praktische Ausbildung im Betrieb und theoretische an der Berufsakademie oder der DHBW, entweder nacheinander oder in Blöcken Kombinierte Praxis-/ Studienausbildung Verhältnis: 50 : 50	praktische Ausbildung in den jeweiligen Behörden; theoretisches Studium an einer Fachhochschule für öffentliche Verwaltung Verhältnis: 50 : 50	unterschiedlich, aber die Praxis überwiegt meistens
Schulabschluss	rechtlich kein besonderer Schulabschluss vorgeschrieben; faktisch ist für die beliebtesten Berufe mind. mittlere Reife erforderlich	meist allgemeine Hochschulreife, teilweise Fachhochschulreife	Fachhochschulreife oder allgemeine Hochschulreife	meistens mittlere Reife, bei einigen auch Hauptschulabschluss ausreichend
Finanzielles	Ausbildungsvergütung (je nach Beruf und Ausbildungsjahr zwischen 300 und 1 000 Euro)	Ausbildungsvergütung (600 – 1 200 Euro, auch während des Studiums an der BA)	Anwärterbezüge (ca. 800 – 900 Euro; auch während des Studiums an der FHöV)	häufig fallen Ausbildungskosten und Gebühren an; evtl. BAföG-Anspruch.

Fachhochschulen (nennen sich oft »Hochschulen«)	Duales Studium	Triales Studium	Wissenschaftliche Hochschulen
Fachhochschule	Betrieb, Berufsschule, Fachhochschule (Universität selten)	Betrieb, Berufsschule, Meisterschule, Fachhochschule	Universitäten, Technische Universitäten, Pädagogische Hochschulen, Kunst-, Musikhochschulen u. a.
Bachelor: überwiegend 3 1/2 Jahre, seltener 3 oder 4 Jahre Master: 1 oder 1 1/2 oder 2 Jahre	ca. 3 – 4 1/2 Jahre	ca. 5 Jahre	Bachelor: in der Regel 3 Jahre Master: plus weitere 2 Jahre
Student / -in	Auszubildende / -r und Student / -in	Auszubildende / -r, Gesellin / Geselle und Student / -in	Student / -in
Bachelor Master	Bachelor Master	Bachelor	Bachelor; Master; Staatsexamen; Promotion selten noch: Diplom und Magister Artium
Ingenieurwesen, Wirtschaft, Sozialwesen, Land- und Raumwirtschaft, Design	Ingenieurwesen, Wirtschaft, Informatik, einzelne Gesundheitsberufe	Handwerksberufe, Wirtschaft	Natur-, Ingenieur-, Geistes-, Sozial-, Rechts-, Wirtschaftswissenschaften, Medizin, Sport, Kunst, Musik
mehr praxisorientierte Lerninhalte sowie vorgeschriebene externe Praktika als an Universitäten. Verhältnis: je nach Fach ca. 70 : 30 oder 60 : 40	Verhältnis: 50 : 50	Verhältnis: 50 : 50	vor allem theoretischwissenschaftliche Ausbildung; wenig praxisorientiert, nur in wenigen Fächern Praktika vorgeschrieben Verhältnis (für die meisten Fächer): 90 : 10
Fachhochschulreife, allgemeine Hochschulreife, fachgebundene Hochschulreife, Praktikum meistens vorgeschrieben	mind. Fachhochschulreife, besser allgemeine Hochschulreife oder fachgebundene Hochschulreife	mind. Fachhochschulreife, besser allgemeine Hochschulreife oder fachgebundene Hochschulreife	allgemeine Hochschulreife oder fachgebundene Hochschulreife
Evtl. BAföG (max. 735 Euro / Monat)	Ausbildungsvergütung im jeweiligen Lehrberuf während der 2-jährigen Lehre, dann Vergütung bis zum Abschluss des Studiums in unterschiedlicher Höhe, Studiengebühren werden ggf. in der Regel von den Betrieben übernommen.	Ausbildungsvergütung im jeweiligen Lehrberuf, Vergütung bis zum Abschluss des Bachelors und des Meisterbriefs in unterschiedlicher Höhe, Studiengebühren und Kosten für die Meisterprüfung werden ggf. in der Regel von den Betrieben übernommen.	Evtl. BAföG (max. 735 Euro / Monat)

Die richtige Entscheidung treffen

Test 1: Berufliche Ausbildung oder Studium?

Eine wichtige Entscheidung ist: Soll ich nach dem Abitur direkt studieren oder (erst einmal) eine berufliche Ausbildung machen? Bei der Beantwortung hilft Ihnen der folgende Test. Er besteht aus insgesamt 20 Fragen. Sie müssen sich jeweils zwischen zwei Antworten (A oder B) entscheiden.

Für die Bearbeitung sollten Sie etwa 25 – 30 Minuten benötigen. Wichtig ist, dass Sie sich immer für eine Möglichkeit entscheiden. Falls Sie unsicher sind, ob Sie A oder B ankreuzen sollen, nehmen Sie bitte die Antwort, die Ihrer Einstellung am nächsten kommt. Der Test basiert auf der richtigen Selbsteinschätzung und kann Ihnen nur eine Hilfe sein, wenn Sie die Fragen ehrlich beantworten.

1. Frage
A. Ich fühle mich eher zur Theorie als zur Praxis hingezogen.
B. Praktisches Arbeiten ziehe ich der Theorie jederzeit vor.

2. Frage
A. Die meisten Dinge erledige ich, ohne dass mich jemand dazu auffordern muss.
B. Ich brauche schon einen gewissen Druck von außen, um Dinge zu erledigen.

3. Frage
A. Ich möchte nach der Schule schnell finanziell unabhängig werden.
B. Geld kann ich auch später noch verdienen.

4. Frage
A. Es macht mir Spaß, Dinge ohne Anleitung zu erarbeiten.
B. Mir ist es lieber, wenn mir jemand sagt, wie etwas geht.

5. Frage

A. Eine Ausbildung ohne Hochschulabschluss ist mir persönlich zu wenig.

B. Nicht auf den Titel kommt es an, sondern auf eine gute Berufsausbildung.

6. Frage

A. Meine künftige Ausbildung sollte mehr als eine reine Berufsausbildung sein.

B. Ich möchte primär das, was ich für den späteren Beruf brauche, erlernen.

7. Frage

A. Wenn ich eine Aufgabe lösen muss, verlasse ich mich lieber auf mich selbst.

B. Ich lasse mir lieber erklären, wie ich eine Aufgabe angehen soll, bevor ich etwas falsch mache.

8. Frage

A. Karriere ist mir ziemlich wichtig.

B. Zufriedenheit im Beruf ist mir wichtiger als Karriere, die oft mit Stress verbunden ist.

9. Frage

A. Mich faszinieren Aufgaben, die theoretische Arbeit erfordern.

B. Grau ist alle Theorie.

10. Frage

A. Ich könnte mir vorstellen, mich mit wissenschaftlichen Themen zu beschäftigen.

B. Wissenschaftliche Themen finde ich wenig interessant.

11. Frage

A. Ich bin vom vielen Lernen erst mal bedient.

B. Lernen würde mir weiterhin Spaß machen.

12. Frage

A. Wenn ich etwas nicht verstanden habe, lasse ich es mir noch einmal erklären.

B. Ich setze mich so lange selbst mit etwas auseinander, bis ich es verstanden habe.

13. Frage

A. Ich schätze mich eher als jemanden ein, der an vielen Dingen Interesse hat.

B. Ich konzentriere mich eher auf einige wenige Bereiche, die mich interessieren.

14. Frage

A. Ich bin der Meinung, dass man sein Wissen ständig erweitern muss.

B. Nichts gegen viel Wissen, aber man kann es auch übertreiben.

15. Frage

A. Ich möchte so viel wie möglich lernen und wissen.

B. Es kommt nicht auf die Menge an, sondern darauf, was für den Beruf wichtig ist.

16. Frage

A. Ich lerne am besten unter guter Anleitung.

B. Ich lerne am besten allein oder in einer kleinen Gruppe.

17. Frage

A. Während der Ausbildung will ich geregelte Arbeitszeiten und am Wochenende frei.

B. Ich habe auch kein Problem mit ungeregelten Zeiten.

18. Frage

A. Um etwas richtig zu verstehen, muss man viel nachdenken.

B. Wichtiger als viel nachdenken ist, dass man die Sache im Griff hat.

19. Frage

A. Ich bin bereit, Dinge zu lernen, die keinen Spaß machen, wenn es nicht anders geht.

B. Es gibt nichts Uninteressantes, man muss nur lernen wollen.

20. Frage

A. Ich eigne mir gerne Wissen aus Büchern an.

B. Wissen kann man sich auch auf andere Art aneignen.

Berechnung

Bitte notieren Sie die Punkte anhand Ihrer angekreuzten Kästchen und zählen Sie sie anschließend zusammen.

Frage	A	B	Punkte
1.	1	3	3
2.	1	2	1
3.	3	2	3
4.	1	3	3
5.	2	3	3
6.	1	2	2
7.	1	3	1
8.	1	2	2
9.	1	3	3
10.	1	3	7

10

Frage	A	B	Punkte
11.	2	1	2
12.	3	1	3
13.	1	2	2
14.	2	3	3
15.	1	3	1
16.	3	2	2
17.	3	2	2
18.	1	3	1
19.	2	1	1
20.	1	2	2

21

32

Gesamtpunktzahl:

Auswertung: Berufliche Ausbildung oder Studium?

Über 50 Punkte

Sie sind in allererster Linie an einer sehr schnellen Ausbildung und an einem baldigen Berufseinstieg interessiert. Die Vorstellung von einem langen Studium, finanzieller Abhängigkeit und unsicheren Arbeitsmarktperspektiven erschreckt Sie. Ihre Antworten lassen darauf schließen, dass Sie ohne großen Aufwand Ihr Abitur geschafft haben oder schaffen werden und dass Sie (vorerst) genug haben von der Schule und vom Lernen. Sie halten nicht viel von Theorie und mühsamem Pauken im Studium oder davon, viel zu lesen und Dinge zu lernen, die aus Ihrer Sicht nicht wichtig sind. Lassen Sie auf alle Fälle erst einmal die Finger von einem Studium und konzentrieren Sie sich auf eine berufliche Ausbildung. Eine Lehre bietet Ihnen die Möglichkeit, in zwei bis zweieinhalb Jahren einen berufsqualifizierenden Abschluss zu erlangen und in den Beruf einzusteigen. Sollten Sie später noch Lust auf ein Studium bekommen, steht Ihnen dieser Weg jederzeit offen. Bei der Wahl der Ausbildung sollten Sie besonderen Wert darauf legen, dass diese mit Ihren Vorstellungen übereinstimmt, sonst werden Sie schnell unzufrieden und brechen die Ausbildung möglicherweise ab.

Weiteres Vorgehen: In der Broschüre *Beruf aktuell* sind die betrieblichen Ausbildungsberufe sehr gut beschrieben (kostenlos bei der Arbeitsagentur oder auf der Website der Arbeitsagentur unter *www.arbeitsagentur.de* in einer Online-Ausgabe). Zudem sind die Ausbildungsberufe sehr gut erläutert in der Arbeitsagentur-Datenbank unter: *berufenet.arbeitsagentur.de*

Nutzen Sie außerdem die persönlichen Beratungs- und Informationsmöglichkeiten der Arbeitsagentur.

Informieren Sie sich auch noch näher über die Ausbildungsmöglichkeiten im öffentlichen Dienst und über Ausbildungen an Berufsfachschulen.

45 – 50 Punkte

Sie sind an einer schnellen Ausbildung und an einem schnellen Berufseinstieg interessiert. Die Vorstellung von einem langen Studium, finanzieller Abhängigkeit und einer unsicheren Arbeitsmarktentwicklung ist für Sie keine Perspektive. Ihre Antworten lassen darauf schließen, dass Sie (vorerst) genug haben von der Schule und vom Lernen. Sie halten wenig von Theorie und mühsamem Pauken im Studium oder davon, viel zu lesen und Dinge zu lernen, die aus Ihrer Sicht nicht so wichtig sind. Lassen Sie auf alle Fälle erst einmal die Finger von einem Studium und konzentrieren Sie sich auf eine berufliche Ausbildung. Eine Lehre bietet Ihnen die Möglichkeit, in zwei bis zweieinhalb Jahren einen berufsqualifizierenden Abschluss zu erlangen und in den Beruf einzusteigen. Sollten Sie irgendwann noch Lust auf ein Studium bekommen, steht Ihnen dieser Weg jederzeit offen. Bei der Wahl der Ausbildung sollten Sie Wert darauf legen, dass diese mit Ihren Vorstellungen übereinstimmt.

Weiteres Vorgehen: In der Broschüre *Beruf aktuell* sind die betrieblichen Ausbildungsberufe sehr gut beschrieben (kostenlos bei der Arbeitsagentur oder auf der Website der Arbeitsagentur unter *www.arbeitsagentur.de* in einer Online-Ausgabe). Zudem sind die Ausbildungsberufe sehr gut erläutert in der Arbeitsagentur-Datenbank unter: *berufenet.arbeitsagentur.de*

Nutzen Sie außerdem die persönlichen Beratungs- und Informationsmöglichkeiten der Arbeitsagentur.

Informieren Sie sich auch noch näher über die Angebote der Berufsakademien, duale Studiengänge, die Ausbildungsmöglichkeiten im öffentlichen Dienst und über Ausbildungen an Berufsfachschulen.

40 – 44 Punkte

Ihr Interesse ist eher auf eine zügige Ausbildung und auf einen Beruf ausgerichtet, der Ihren Vorstellungen entspricht. Aus diesem Grund tendieren Ihre Überlegungen in Richtung einer Berufsausbildung. Für Sie könnte auch eine Ausbildung des öffentlichen Dienstes, ggf. auch das Angebot der Berufsakademien oder ein dualer Studiengang, von Interesse sein. Ob Sie wirklich ein Studium direkt nach dem Abitur beginnen wollen, sollten Sie sich gut überlegen. Ihre Antworten, vor allem zu den zentralen Fragen Ausbildungsdauer, Berufsorientierung, Wissenschaft, Theorie usw., lassen darauf schließen, dass Sie eher an einer Berufsausbildung interessiert sind.

Weiteres Vorgehen: In der Broschüre *Beruf aktuell* sind die betrieblichen Ausbildungsberufe sehr gut beschrieben (kostenlos bei der Arbeitsagentur oder auf der Website der Arbeitsagentur unter *www.arbeitsagentur.de* in einer Online-Ausgabe). Zudem sind die Ausbildungsberufe sehr gut erläutert in der Arbeitsagentur-Datenbank unter: *berufenet.arbeitsagentur.de*

Nutzen Sie auch die persönlichen Beratungs- und Informationsmöglichkeiten der Arbeitsagentur.

Lesen Sie noch einmal die Ausführungen auf den Seiten 19 – 25 und studieren Sie gründlich die Übersicht auf den Seiten 25 – 29. Sehen Sie sich, nachdem Sie den Test »Fachhochschul- oder Universitätsstudium?« gemacht haben, auch die Ausführungen über das Fachhochschulstudium und seine Vorteile (S. 50 f.) noch einmal an.

35 – 39 Punkte

Ihre Entscheidung wird recht schwierig, weil Sie sowohl an einem Studium als auch an einer Berufsausbildung interessiert sind. Falls Sie sich die Entscheidung erleichtern möchten, wählen Sie vielleicht den dritten Weg: erst eine Berufsausbildung und dann ein Studium. Dies wird mittlerweile von rund einem Drittel aller Abiturienten so gemacht.

Dieses System bietet viele Vorteile: Man ist reifer, wenn man mit dem Studium beginnt, findet leichter einen Ferienjob oder einen Job neben dem Studium, studiert normalerweise zielstrebiger und ist auch für Arbeitgeber wegen der Doppelqualifikation attraktiver. Doch Vorsicht: Die Lehre sollte in einem inhaltlichen Verhältnis zum Studium stehen. Außerdem sollte man wirklich Interesse an der Ausbildung haben. Eine Berufsausbildung nur mit dem Ziel zu machen, irgendeinen Berufsabschluss zu erwerben, ist nicht sinnvoll.

Sie sollten eventuell auch ein Studium in Erwägung ziehen und den nächsten Test, bei dem es um die Beantwortung der Frage »Fachhochschul- oder Universitätsstudium?« geht, gründlich bearbeiten. Sehen Sie sich auch einmal eine Fachhochschule und eine Universität und deren Unterschiede vor Ort an.

30 – 34 Punkte

Sie scheinen ein / e geeignete / -r Kandidat / -in für ein Studium zu sein. Weder die Theorie im Studium, die lange Studiendauer oder die finanzielle Abhängigkeit noch die unsicheren Arbeitsmarktperspektiven, überfüllten Hörsäle und langen Reihen von noch zu lesenden Büchern schrecken Sie ab. Ganz im Gegenteil. Wenn Ihre Einschätzung stimmt, verfügen Sie auch über all die anderen Voraussetzungen, die man für ein Studium braucht, wie Fleiß, weitgehend selbstständiges Arbeiten, Bereitschaft, auch mal abends oder am Wochenende zu arbeiten, die Fähigkeit zu logischem Denken, Interesse an wissenschaftlichen Fragen und vieles mehr.

Ob ein Fachhochschulstudium oder ein Universitätsstudium Ihren Interessen eher entspricht, erfahren Sie im nächsten Test.

Weniger als 30 Punkte

Sie scheinen der ideale Kandidat / die ideale Kandidatin für ein Studium zu sein. Jeder Professor / jede Professorin wünscht sich Studierende mit Ihren Vorstellungen. Weder die Theorie im Studium, die gegenüber einer Berufsausbildung längere Dauer oder die finanzielle Abhängigkeit noch die unsicheren Arbeitsmarktperspektiven, überfüllten Hörsäle und langen Reihen von noch zu lesenden Büchern können Sie abschrecken. Wenn Ihre Einschätzung stimmt, verfügen Sie auch über all die anderen Voraussetzungen, die man für ein Studium braucht, wie Fleiß, selbstständiges Arbeiten, Bereitschaft, auch mal abends oder am Wochenende zu arbeiten, die Fähigkeit zu logischem Denken, Interesse an Wissenschaft und vieles mehr. Sie sollten an einer Universität studieren, und dies bald und ohne Umwege. Bearbeiten Sie vorher aber noch den nächsten Test.

Wenn Sie sich jetzt noch immer nicht sicher sind, ob Sie ein Studium oder eine berufliche Ausbildung beginnen wollen, sollten Sie sich die folgenden Argumente für und gegen ein Hochschulstudium vor Augen führen.

Nachteile des Studiums:

- Ein Studium dauert länger als eine berufliche Ausbildung. Ein kombiniertes Bachelor- / Masterstudium an Fachhochschulen und Universitäten dauert fünf bis sechs Jahre, ebenso ein Staatsexamensstudiengang an Universitäten. Auch in den noch selten bestehenden universitären Diplom- und Magister-Artium-Studiengängen ist dies die übliche Studiendauer.

- Daraus folgt, dass man in der Regel mit Mitte zwanzig in den Beruf eintritt.
- Eigenes Geld verdient man erst mehrere Jahre später als bei den übrigen Ausbildungen.
- Die meisten Studienfächer bieten jedoch keine Garantie, später eine gut bezahlte leitende Tätigkeit zu finden.
- Viele Studienfächer sind stark theoriebezogen und bereiten nicht auf eine konkrete Berufstätigkeit vor.
- Das Risiko, nach mehreren Jahren ohne Examen dazustehen, ist groß. Etwa 25 bis 30 Prozent schaffen ihren Studienabschluss nicht oder brechen das Studium (aus verschiedenen Gründen) ab.

Dagegen stehen die Argumente, die für ein Studium sprechen:

- Durch die lange Ausbildung erwirbt man eine hohe Allgemeinbildung und vielfältige berufliche Qualifikationen.
- Akademiker brauchen (zumindest statistisch) Arbeitslosigkeit etwas weniger zu fürchten als Nichtakademiker.
- Akademiker verdienen durchschnittlich etwa 30 – 50 Prozent mehr als Nichtakademiker.
- Hochschulabsolventen haben bessere Aufstiegsmöglichkeiten.
- Für immer mehr berufliche Tätigkeiten, die früher von Nichtakademikern ausgeübt wurden, wird mittlerweile oder in absehbarer Zukunft ein Hochschulstudium erwartet.
- Akademische Titel haben im gesellschaftlichen Ansehen immer noch einen hohen Stellenwert.
- Das Studium bietet die Möglichkeit, die Ausbildung frei von einer Reihe von Zwängen selbst zu gestalten.

Es gibt also offenbar ebenso gute Gründe für wie gegen ein Hochschulstudium. Betrachten wir diese Argumente pro und kontra aber noch einmal genauer, fällt auf, dass es gar keine objektiven, sondern subjektive Gründe sind, die letzten Endes für oder gegen ein Hochschulstudium sprechen: Für den einen ist ein Argument absolut vorrangig, für den anderen vielleicht völlig uninteressant. Hier werden also Fragen der persönlichen Vorstellungen und Ziele angesprochen.

Dabei sollten Sie folgende Überlegungen mit einbeziehen:

- Bin ich eher für eine theoretische oder für eine praktische Ausbildung geeignet?

- Möchte ich eine schnelle Ausbildung, in Kürze eigenes Geld verdienen und möglichst früh finanziell unabhängig sein?

- Oder bin ich bereit, auch eine längere Ausbildung mit unsicherem Ausgang zu durchlaufen, die mich noch eine Reihe von Jahren finanziell abhängig macht und bei der ich unter Umständen erst in sieben oder acht Jahren Geld verdiene?

- Welchen Stellenwert hat für mich der berufliche Aufstieg mit all seinen Vor- und Nachteilen (lange Arbeitszeiten, hohe Verantwortung, weniger Freizeit als andere)?

- Was bedeuten für mich akademische Titel?

- Wie stelle ich mir meine weitere Lebensplanung (z. B. Heirat, Familie) vor?

Test 2: Fachhochschul- oder Universitätsstudium?

Wenn der erste Test bei Ihnen eine Orientierung hin zum Studium ergeben hat, dann können Sie in diesem Test erfahren, wofür Sie eher geeignet sind – für ein wissenschaftliches Studium an einer Universität oder ein anwendungsbezogenes Studium an einer Fachhochschule.

Wenn der erste Test eher eine Orientierung zu einer beruflichen Ausbildung ergeben hat, dann sollten Sie diesen Test dennoch machen, um eine breitere Basis für Ihre Entscheidung zu bekommen. In diesem Fall wird der Test wahrscheinlich eine Priorität für ein FH-Studium ergeben. Dann stehen Sie vor der Wahl zwischen beruflicher Ausbildung und FH-Studium und sollten die Ausführungen zur beruflichen Ausbildung und zum Fachhochschulstudium auf den Seiten 20 – 23 und 50/51 noch einmal sehr gründlich durchlesen.

Dieser Test ist wichtig, um Klarheit über den passenden Hochschultyp zu erhalten. Zudem hilft er auch all denjenigen, die ein Fach studieren wollen, das man sowohl an Fachhochschulen als auch an Universitäten studieren kann.

Derzeit entscheiden sich etwa zwei Drittel aller Studienanfänger für ein Universitätsstudium (oder ein vergleichbares wissenschaftliches Studium) und ein Drittel für ein Studium an der Fachhochschule.

Der folgende Test besteht aus insgesamt 20 Fragen. Es stehen immer zwei Antworten (A und B) zur Auswahl. Bitte kreuzen Sie deshalb immer nur eine Antwort an. Falls Sie unsicher sind, ob Sie A oder B ankreuzen sollen, nehmen Sie bitte die Antwort, die Ihrer Einstellung am nächsten kommt.

Für die Bearbeitung sollten Sie etwa 20 Minuten benötigen.

1. Frage

A. Ich würde lieber etwas Neues erfinden.

B. Ich würde lieber etwas Bestehendes verbessern.

2. Frage

A. Wenn ich keinen äußeren Druck habe, tue ich wenig oder nichts.

B. Ich kann jederzeit auch ohne äußeren Druck selbstdiszipliniert arbeiten.

3. Frage

A. Bei Problemlösungen reizen mich ungewöhnliche Ideen oder neuartige Theorien.

B. Bei Problemlösungen greife ich lieber auf bewährte Methoden zurück.

4. Frage

A. Über schwierige Themen in Philosophie oder Naturwissenschaften denke ich gerne nach.

B. Es liegt mir eher fern, über schwierige philosophische oder naturwissenschaftliche Themen nachzudenken.

5. Frage

A. Eine Ausbildung ohne einen Universitätsabschluss oder einen Doktortitel ist mir zu wenig.

B. Nicht auf den Abschluss kommt es mir an, sondern auf ein berufsorientiertes Studium.

6. Frage

A. Ich möchte das lernen, was man für den Beruf braucht, und vielleicht ein wenig aus den Nachbargebieten.

B. In meiner künftigen Ausbildung möchte ich mehr lernen als nur Berufswissen.

7. Frage

A. Wenn ich eine Aufgabe lösen muss, verlasse ich mich lieber auf mich selbst.

B. Ich frage eher jemanden, wie er oder sie die Aufgabe angehen würde.

8. Frage

A. Ich möchte gerne eine »Spitzenkarriere« machen.

B. Karriere ist nicht unwichtig, aber auch nicht das Wichtigste.

9. Frage

A. Ich löse am liebsten Aufgaben, die theoretische Arbeit erfordern.

B. Mich interessiert eher die Anwendung der Theorie.

10. Frage

A. Fernsehsendungen über Wissenschaft und Forschung finde ich sehr spannend.

B. Diese Sendungen mögen spannend sein, aber mich interessiert mehr, was man damit machen kann.

11. Frage

A. Ein kleines Referat selbstständig vorzubereiten würde mir Spaß machen.

B. Lieber schreibe ich Klausuren, in denen das gelernte Wissen abgefragt wird.

12. Frage

A. Wenn ich etwas nicht verstanden habe, lasse ich es mir noch einmal erklären.

B. Ich setze mich selber daran, bis ich es verstanden habe.

13. Frage

A. Ich schätze mich eher als jemanden ein, der an vielen Dingen Interesse hat.

B. Ich konzentriere mich auf einige Dinge, die ich gut kann.

14. Frage

A. Um etwas zu verstehen, muss man viel nachdenken.

B. Wichtiger als viel nachdenken ist, dass man die Sache im Griff hat.

15. Frage

A. Ich möchte so viel wie möglich lernen und wissen.

B. Es kommt nicht auf die Menge an, sondern darauf, was für den Beruf wichtig ist.

16. Frage

A. Ich lerne am effektivsten mit anderen zusammen.

B. Ich lerne allein am besten.

17. Frage

A. Mir wäre eine überschaubare Studienatmosphäre lieber als ein Massenbetrieb.

B. Es würde mir auch nichts ausmachen, mit 300 Leuten in einer Vorlesung zu sitzen.

18. Frage

A. Meine Ausbildung sollte in erster Linie der guten Berufsausbildung dienen.

B. Meine Ausbildung sollte mir die Möglichkeit bieten, mich vielseitig zu bilden.

19. Frage

A. Ich bin bereit, mich auch mit Dingen zu beschäftigen, die mir wenig Spaß machen.

B. Ich bin hierzu nicht bereit.

20. Frage

A. Ich lese auch das, was mich nicht so brennend interessiert.

B. Ich lese nur das, was mich direkt interessiert.

Berechnung

Bitte notieren Sie die Punkte anhand Ihrer angekreuzten Kästchen und zählen Sie sie anschließend zusammen.

Frage	A	B	Punkte
1.	1	3	
2.	1	2	
3.	3	2	
4.	1	3	
5.	2	3	
6.	1	2	
7.	1	3	
8.	1	2	
9.	1	3	
10.	1	3	

Frage	A	B	Punkte
11.	2	1	
12.	3	1	
13.	1	2	
14.	2	3	
15.	1	3	
16.	3	2	
17.	3	2	
18.	1	3	
19.	2	1	
20.	1	2	

Gesamtpunktzahl:

Auswertung: Fachhochschul- oder Universitätsstudium?

Über 50 Punkte

Sie haben Interesse an einer schnellen Ausbildung, möchten nicht lange auf den Berufseinstieg warten. Die Vorstellung von einem langen Studium, finanzieller Abhängigkeit und unsicheren Arbeitsmarktperspektiven erschreckt Sie. Ihre Antworten zeigen: Von der Schule und vom Lernen haben Sie (vorerst) genug. Viel Theorie, mühsames Pauken, viel Lesen und Dinge lernen, die Sie nicht so wichtig finden – davon halten Sie nicht viel. Ein Universitätsstudium sollten Sie jetzt keinesfalls beginnen, konzentrieren Sie sich auf ein Fachhochschulstudium oder, noch besser, auf eine berufliche Ausbildung. Informieren Sie sich auch noch näher über die Angebote der Berufsakademien, über die dualen Studiengänge, über die Ausbildungsmöglichkeiten im öffentlichen Dienst und über Ausbildungen an Berufsfachschulen.

45 – 50 Punkte

Sie sind eher an einer zeitlich überschaubaren Ausbildung und an einem frühen Berufseinstieg interessiert. Die Vorstellung von einem langen Studium, finanzieller Abhängigkeit und unsicheren Arbeitsmarktperspektiven ist für Sie nicht sehr attraktiv. Ihre Antworten machen deutlich, dass Sie (vorerst) genug haben von der Schule und vom Lernen. Sie halten wenig von Theorie und mühsamem Pauken im Studium, Sie möchten ungern viel lesen oder Dinge lernen, die aus Ihrer Sicht nicht so wichtig sind. Lassen Sie auf alle Fälle erst einmal die Finger von einem Universitätsstudium und konzentrieren Sie sich auf ein FH-Studium oder auf eine berufliche Ausbildung.

Informieren Sie sich auch noch näher über die Angebote der Berufsakademien, über die dualen Studiengänge, über die Ausbildungsmöglichkeiten im öffentlichen Dienst und über Ausbildungen an Berufsfachschulen.

40 – 44 Punkte

Ihr Interesse ist stark auf eine zügige Ausbildung und auf ein praxisorientiertes Studium ausgerichtet. Sie wollen Praxis und Theorie miteinander verbinden. Ob Sie ein Universitätsstudium beginnen wollen, sollten Sie sich gut überlegen. Ihre Antworten, vor allem zu den zentralen Fragen Berufsorientierung, Wissenschaft, Theorie usw., lassen darauf schließen, dass Sie sich eher auf ein Fachhochschulstudium konzentrieren sollten. Es bietet den Vorteil, dass es stärker anwendungs- und berufsorientiert ist, somit mehr Praxisanteile enthält und von daher den Berufseinstieg erleichtern kann. Fachhochschulen entsprechen mit ihrem Klassensystem und mit der regelmäßigen Leistungskontrolle auch eher Ihrem Arbeitsstil. Für Sie könnten auch die Ausbildungen des öffentlichen Dienstes und das Angebot der Berufsakademien von Interesse sein. Auch ein dualer Studiengang, bei dem Sie eine Ausbildung und ein Studium verbinden, könnte Ihren Vorstellungen entsprechen.

35 – 39 Punkte

Sie haben für beide Hochschularten Interesse bekundet. Deshalb ist Ihre Entscheidung schwierig. Sie sollten noch einmal die Vor- und Nachteile beider Hochschultypen mit in die Überlegungen einbeziehen und vor allem sich überlegen, ob Ihnen mehr Theorie und Wissenschaftsorientierung oder mehr Anwendungsorientierung wichtig ist. Lesen Sie noch einmal gründlich die nachfolgenden Überlegungen zum Fachhochschul- und zum Universitätsstudium. Sie sollten sich auch einmal eine Universität und eine Fachhochschule und ihre Unterschiede vor Ort ansehen.

27 – 34 Punkte

Sie tendieren viel stärker zu einem Universitätsstudium als zu einem Fachhochschulstudium. Weder die Theorie im Studium noch die lange Studiendauer, die finanzielle Abhängigkeit, die unsichere Arbeitsmarktlage, überfüllte Hörsäle und lange Reihen von noch zu lesenden Büchern schrecken Sie ab. Wenn Ihre Einschätzung stimmt, verfügen Sie auch über all die anderen Voraussetzungen, die man für ein Universitätsstudium braucht, wie Fleiß, Interesse an selbstständigem Arbeiten, Bereitschaft, auch abends oder am Wochenende zu arbeiten, die Fähigkeit zu logischem Denken, Interesse an Wissenschaft und vieles mehr.

Weniger als 27 Punkte

Sie sind der ideale Kandidat / die ideale Kandidatin für ein Universitätsstudium. Jeder Professor / jede Professorin wünscht sich Studierende mit Ihren Vorstellungen. Weder die Theorielastigkeit des Studiums noch die lange Studiendauer, weder die finanzielle Abhängigkeit oder die unsichere Arbeitsmarktlage noch überfüllte Hörsäle und lange Reihen von noch zu lesenden Büchern können Sie abschrecken. Wenn Ihre Einschätzung stimmt, verfügen Sie auch über all die anderen Voraussetzungen, die man für ein Universitätsstudium braucht, wie Fleiß, selbstständiges Arbeiten, Bereitschaft, auch mal abends oder am Wochenende zu arbeiten, die Fähigkeit zu logischem Denken, Interesse an Wissenschaft und vieles mehr. Sie müssen aber noch das richtige Studienfach / die richtigen Studienfächer sowie den infrage kommenden Studiengang ausfindig machen und dabei auch den Blick auf mögliche Berufe nicht außer Acht lassen.

Wenn Sie sich noch immer nicht sicher sind, ob ein Universitätsstudium oder Fachhochschulstudium für Sie das Richtige ist, sollten Sie sich die folgenden Argumente noch einmal vor Augen führen.

Kennzeichen eines Universitätsstudiums	Kennzeichen eines Fachhochschulstudiums
• eher theoriebezogenes Studium; auf wissenschaftliches Arbeiten und Forschung ausgerichtet	• eher auf (praktische) Anwendung bezogenes Studium; Forschung ist keine zentrale Aufgabe
• viele Studierende; in vielen Fächern Massenausbildung	• etwas weniger Studierende; bessere individuelle Betreuung
• Studiendauer ca. 5–6 Jahre (Ausnahme: Man macht nur einen dreijährigen universitären Bachelorabschluss, belässt es dabei und schließt kein zweijähriges Masterstudium an. Verbunden hiermit sind jedoch eingeschränkte Berufseinstiegs- und Aufstiegsmöglichkeiten.)	• Dauer etwa 3,5–4 Jahre (bei Bachelor- plus Masterstudium etwa 5–6 Jahre)
• breites Fächerangebot, mehr Kombinationsmöglichkeiten	• begrenztes Angebot von Fächern, dafür größere Spezialisierung
• Berufseinstieg eher schwerer	• Berufseinstieg in der Regel leichter
• Möglichkeit zur Doktorarbeit (Dauer: ca. 2–4 Jahre)	• Möglichkeit zur Doktorarbeit nur nach Wechsel auf eine Universität nach dem Master
• Ausbildung eher für höhere Positionen	• Berufsaufstieg eher in mittlere Positionen

Keine der beiden Hochschularten ist besser als die andere. Es handelt sich einfach um zwei verschiedene Hochschultypen mit unterschiedlichen Zielen und Aufgaben. Deshalb kann nur jede / -r für sich die Frage beantworten, ob ein Fachhochschulstudium oder ein Universitätsstudium sinnvoller ist.

Test 3: Bisherige Schulnoten und mögliche Ausbildungswege

Für jedes Studienfach wird eine besondere Begabung oder Eignung vorausgesetzt, die nicht jede / -r hat. Diese Begabung kann, muss sich aber nicht bereits an den bisherigen Schulnoten erkennen lassen. Wie kann ich also herausfinden, ob ich für ein Studium geeignet bin und welche Studienfächer meinen Interessen und Begabungen am ehesten entsprechen?

Hilfreich ist eine Stärken- und Schwächen-Analyse. Aus Vorlieben für oder aus der Abneigung gegen bestimmte Schulfächer lassen sich mögliche Studienfächer herausfinden. Vorliebe oder Abneigung drückt sich aber nur teilweise in der jeweiligen Schulnote aus. Die Note ist die Summe von Begabung, Arbeit, Fleiß, Ausdauer, Interesse sowie sozialem Umfeld in Familie und Schule; sie hängt auch von den Anforderungen der Schule und vom Lehrer und vielen anderen Faktoren ab.

Nehmen Sie deshalb für den Test nicht Ihre Abiturnoten in den einzelnen Fächern, sondern machen Sie folgendes Gedankenexperiment: Sie hätten für alle Fächer gleich viel und vor allem viel getan und wären dabei auf einen begabten Pädagogen gestoßen, der einen interessanten Unterricht macht und das Wissen optimal vermitteln kann. Welche Note hätten Sie dann im jeweiligen Schulfach erreicht? Nehmen Sie bitte die Ihnen bekannten Noten von sehr gut bis ungenügend. Und ziehen Sie in das Gedankenexperiment Ihre Erfahrungen aus der gesamten Schulzeit mit ein: War ich immer gleich oder ähnlich gut in einem Fach? Gab es Sprünge in der Note des Faches und worauf waren diese zurückzuführen (Faulheit, Fleiß, Schulwechsel, Lehrerwechsel)? Verwenden Sie das Gedankenexperiment nicht dazu, Ihre bisherigen Schulnoten zu kosmetisieren. Es kommt nicht darauf an, möglichst viele Einsen oder Zweien in die folgende Übersicht einzutragen, sondern durch die gedanklich ermittelten Noten Ihre Stärken und Schwächen zu erkennen.

Schulfach	Note		Schulfach	Note
Biologie			Musik	
Chemie			Pädagogik	
Deutsch			Philosophie	
Englisch			Physik	
Erdkunde			Religionslehre / Ethik	
Französisch			Sozialkunde	
Geschichte			Sport	
Kunst			Technik, Informatik	
Latein, Griechisch			Wirtschaft	
Mathematik				

Nehmen Sie jetzt zuerst das Schulfach bzw. die Schulfächer mit den besten Noten und schauen Sie sich im Folgenden an, welche Studienfächer infrage kommen könnten. Machen Sie danach einen Abgleich mit dem zweitbesten und ggf. drittbesten Fach und vergleichen Sie auch dieses Fach bzw. diese Fächer mit der Liste.

Schüler sind erfahrungsgemäß nicht nur in einem Schulfach gut (oder schlecht), sondern häufig in mehreren Fächern, vor allem in solchen, die zur gleichen Gruppe gehören, z. B. in den Fremdsprachen oder in den Naturwissenschaften. Deshalb werden im Anschluss Stärken in Kombinationen von mehreren Schulfächern zu infrage kommenden Studienfächern in Beziehung gesetzt. Die Überlegung ist die gleiche wie zuvor. Sie ermitteln Ihre besten Schulnoten, indem Sie sich vorstellen, dass Sie für alle Fächer gleich viel und viel getan hätten und von sehr guten Lehrern unterrichtet worden wären.

Meine besten Noten hätte ich erzielt in:

- Mathematik und Physik
- Mathematik und Chemie
- Mathematik und Biologie
- Physik und Chemie oder Biologie
- Chemie und Biologie
- Naturwissenschaftliches Fach und Erdkunde
- Englisch und Französisch
- Fremdsprachen und Erdkunde
- Fremdsprachen und Sozialkunde
- Deutsch und Englisch / Französisch
- Deutsch und Erdkunde
- Deutsch und Geschichte
- Deutsch und Sozialkunde
- Deutsch und alte Sprachen
- Deutsch und Mathematik
- Deutsch und Religionslehre
- Alte Sprachen und Geschichte
- Deutsch und Philosophie
- Mathematik und Sport
- Informatik und Technik
- Mathematik und Kunst
- Wirtschaft und Fremdsprachen
- Wirtschaft und Deutsch
- Wirtschaft und Sozialkunde
- Informatik und Fremdsprachen
- Kunst und Technik oder Informatik
- Religionslehre und Philosophie
- Religionslehre und Fremdsprachen
- Naturwissenschaften und Informatik oder Technik
- Wirtschaft und Technik
- Pädagogik und Sozialkunde

Auswertung: Stärken in einem Schulfach – infrage kommende Studienfächer

Stärken in Schulfächern		Als mögliche Studienfächer kämen infrage
Religionslehre	→	Theologie, Sozialpädagogik, Soziale Arbeit, Vergleichende Religionswissenschaft, Philosophie
Sozialkunde / Gemeinschaftskunde	→	Wirtschaftswissenschaften, Soziologie, Politologie, Sozialwissenschaft, Rechtswissenschaft, Soziale Arbeit, Sozialpädagogik
Geschichte	→	Geschichte, Politologie, Soziologie, Sozialwissenschaft, alte Sprachen, Archäologie
Deutsch	→	Germanistik, Literaturwissenschaft, Bibliotheks- und Informationswissenschaft, Journalismus, Schauspiel
Englisch	→	Anglistik, Amerikanistik, europäische Sprachen
Französisch	→	Romanistik, andere geisteswissenschaftliche Fächer
Latein / Griechisch	→	Klassische Philologie, Sprachwissenschaft, Kulturwissenschaft, Geschichte, Archäologie
Sport	→	Sportstudiengänge, auch für Lehramt
Mathematik	→	Mathematik, Physik, Wirtschaftswissenschaften, ingenieurwissenschaftliche Fächer, Astronomie, Maschinenbau, Informatik, Architektur
Physik	→	Physik, Astronomie, Elektrotechnik, Maschinenbau, Fahrzeugtechnik, Biowissenschaften, Geowissenschaften
Chemie	→	Chemie, Biochemie, Biologie, Agrarwissenschaften, Medizin
Erdkunde	→	Geografie, Geologie, Mineralogie, Landwirtschaft
Biologie	→	Biologie, Biochemie, Medizin, Chemie, Landwirtschaft
Philosophie	→	Philosophie, Theologie, Religionswissenschaft, Pädagogik, Sprachen und Kulturen
Kunst	→	Kunst, Architektur, Innenarchitektur, Grafik, Gestaltung, Design, Kunstgeschichte
Musik	→	Musikwissenschaft, Vokalmusik, Instrumentalmusik
Informatik	→	Informatik, ingenieurwissenschaftliche Fächer
Pädagogik	→	Erziehungswissenschaft, Lehramt, Soziale Arbeit, Sozialpädagogik
Wirtschaftslehre	→	alle wirtschaftswissenschaftlichen Fächer
Technik	→	alle technischen Studienfächer

Auswertung: Stärken in mehreren Schulfächern – infrage kommende Studienfächer

Mathematik und Physik

Stärken in Mathematik und Physik sind eine optimale Voraussetzung nicht nur für das Studium dieser beiden Fächer, sondern für alle technischen Fächer. Wenn ein Interesse an einer weiteren Naturwissenschaft, z.B. Biologie oder Chemie, besteht, sind zusätzlich sehr gute Voraussetzungen für alle naturwissenschaftlichen Studienfächer und für Medizin gegeben, da sie fast alle in den ersten Studiensemestern auf diesen Fächern aufbauen. Optimale Bedingungen liefert diese Kombination auch für das Studium Vermessungswesen (Geodäsie). Bei Interesse an Informatik bestehen zusätzlich gute Voraussetzungen für ein Informatikstudium.

Mathematik und Chemie

Dadurch ergeben sich gute Voraussetzungen für Naturwissenschaften, technische Fächer und Medizin sowie besonders gute Bedingungen für Chemieingenieurwesen und Verfahrenstechnik.

Mathematik und Biologie

Infrage kommen Mathematik, Biologie, Biotechnologie / Biotechnik, Haushalts- und Ernährungswissenschaften, ferner (bei Interesse an Technik) die Ingenieurstudiengänge und (bei Interesse für Chemie) medizinische Fächer.

Physik und Chemie oder Biologie

Das Studium dieser Fächer bietet sich an, ferner der anderen Naturwissenschaften, vor allem Pharmazie und Agrarwissenschaften. Außerdem sind dies gute Voraussetzungen für ein Medizinstudium.

Chemie und Biologie

Alle sogenannten biowissenschaftlichen Studiengänge (Biologie, Biochemie, Biotechnologie) und Medizin kommen infrage. Die beiden Schulfächer sind auch Voraussetzung für das Studium der anderen Naturwissenschaften, z.B. Pharmazie, Lebensmittelchemie, Agrarwissenschaften / Landwirtschaft, Haushalts- und Ernährungswissenschaften und in Verbindung mit Physik für die sogenannten geowissenschaftlichen Studiengänge (Geologie, Mineralogie u.Ä.) sowie für Umweltstudiengänge.

Ein naturwissenschaftliches Fach und Erdkunde

Geografie, Städtebau, Landschaftsplanung, Raumplanung, Ökologie

Englisch und Französisch

Neben dem Studium beider Fächer besteht die Möglichkeit für einen Übersetzer- oder Dolmetscherstudiengang, den einige Universitäten und Fachhochschulen anbieten. Auch für ein Lehramtsstudium ist diese Kombination interessant (bei pädagogischer Begabung).

Fremdsprachen und Erdkunde

Neben Geografie und Übersetzen / Dolmetschen würde sich (bei Interesse für Wirtschaft) der Studiengang Touristik (an einigen Fachhochschulen) anbieten.

Fremdsprachen und Sozialkunde

Primär kulturwissenschaftliche Fächer, einige Gesellschaftswissenschaften (Sozialwissenschaft, Politikwissenschaft)

Deutsch und Englisch / Französisch

Bachelor- plus Masterstudium dieser Fächer, Übersetzen / Dolmetschen, weiterhin Lehramtsstudium (bei pädagogischer Begabung)

Deutsch und Erdkunde

Germanistik, Sprachwissenschaft, Geografie, Lehramt Deutsch und Erdkunde (bei pädagogischer Begabung)

Deutsch und Geschichte

Die meisten Kulturwissenschaften, etwa Germanistik, Geschichte, Philosophie, weiter Journalistik / Publizistik / Medienwissenschaft und (bei pädagogischer Begabung) Lehramtsstudium Deutsch und Geschichte

Deutsch und Sozialkunde

Soziologie, Sozialwissenschaft, Politische Wissenschaft, aber auch (bei Interesse an Wirtschaft und falls man an Mathematik nicht gänzlich uninteressiert ist) Volkswirtschaftslehre oder Ökonomie

Deutsch und alte Sprachen

Geschichte, Philosophie, die Altertumswissenschaften (etwa Archäologie, Ägyptologie), in erster Linie auch Studium der Altphilologie (Gräzistik, Latinistik)

Deutsch und Mathematik

Bei Interesse für den Schuldienst wäre ein Lehramtsstudium der beiden Fächer geeignet. Fachleute sehen in dieser Kombination auch eine gute Voraussetzung für Jura, ebenfalls für Psychologie und für Informations- und Bibliothekswissenschaft.

Deutsch und Religionslehre

Theologie, Lehramt Deutsch und Religionslehre (bei pädagogischer Begabung), Philosophie, Sozialwesen

Alte Sprachen und Geschichte

Hier gilt das Gleiche wie bei Deutsch und alte Sprachen.

Deutsch und Philosophie

Philosophie, Germanistik, Allgemeine Sprachwissenschaft, evtl. auch Lehramt

Deutsch und Sozialkunde

Soziologie, Sozialwissenschaft, Sozialpädagogik, evtl. auch Lehramt

Mathematik und Sport

Diese Kombination ist bei Interesse am Schuldienst interessant fürs Lehramt, aber auch eine gute Voraussetzung für Sportstudiengänge, die nicht ins Lehramt führen. Bei zusätzlicher Begabung für Physik sind auch technische Fächer eine Option.

Informatik und Technik

Informatik und die anderen Fächer der Informationswissenschaften, ferner Ingenieurwissenschaften mit hohem Informatikanteil (vor allem elektrotechnische Fächer); interessant ist die Kombination evtl. auch für Lehramt an berufsbildenden Schulen, sofern pädagogische Begabung vorhanden ist.

Mathematik und Kunst

Optimale Kombination für Architektur und evtl. Innenarchitektur, auch für Gestaltung, Grafik und Design, für ein Lehramtsstudium (bei pädagogischer Begabung) und für Fotografie

Wirtschaft und Fremdsprachen

Wirtschaftswissenschaften (VWL, BWL, Wirtschaftswissenschaft / Ökonomie) mit zusätzlichem Fremdsprachenangebot, Touristik, Dolmetschen und Übersetzen

Wirtschaft und Deutsch

Alle Wirtschaftswissenschaften (VWL, BWL, Wirtschaftswissenschaft / Ökonomie), ferner Wirtschaftspädagogik, Journalistikstudiengänge und Kommunikationswissenschaften

Wirtschaft und Sozialkunde

Sozialkunde (Lehramtsfach), Soziologie und Politikwissenschaft, Stadt- und Raumplanung

Informatik und Fremdsprachen

Informatik mit Schwerpunkt Sprachwissenschaften oder künstliche Intelligenz, Fachübersetzen, Ingenieurstudium mit starker internationaler und fremdsprachenorientierter Ausrichtung, evtl. auch Übersetzen / Dolmetschen

Kunst und Technik oder Informatik

Kunst, Fotografie, alle Grafik-, Gestaltungs- und Design-Studiengänge mit hohem EDV-Anteil

Religionslehre und Philosophie

Theologie, Philosophie, Vergleichende Religionswissenschaft

Religionslehre und Fremdsprachen

Lehramtskombination Religionslehre und Fremdsprache (aber nur bei Interesse an Pädagogik), ansonsten theologische Studiengänge oder Fremdsprachenstudiengänge

Naturwissenschaften und Informatik oder Technik

Alle Naturwissenschaften, vor allem solche mit hohen technischen Studienanteilen, und Medizin

Wirtschaft und Technik

Optimale Voraussetzung für Wirtschaftsingenieurwesen, ebenfalls gute Bedingungen für Technische Betriebswirtschaftslehre

Pädagogik und Sozialkunde

Sozialpädagogik, Soziale Arbeit, Lehramt (bei Interesse an einem weiteren Schulfach)

Die Alternative zum Studium: Attraktive Ausbildungsberufe

Eine Berufsausbildung ist keineswegs eine Verlegenheitslösung, sondern eine sinnvolle Alternative zu den beiden anderen großen Möglichkeiten Studium und Kombination von Studium und Berufsausbildung. Die Lehre, wie sie landläufig heißt, bietet eine Reihe von Vorteilen gegenüber den beiden anderen Möglichkeiten. In der Regel nach zwei Jahren (in Einzelfällen nach drei Jahren) verfügen Abiturienten über eine berufsqualifizierende Ausbildung, die sie befähigt, in einem Beruf zu arbeiten und zu einem Zeitpunkt, an dem die anderen sich gerade in der Mitte des Studiums befinden, ihren Lebensunterhalt selbst zu verdienen. Die betriebliche Ausbildung ist bei Abiturienten mittlerweile sehr beliebt. Etwa ein Drittel eines Abiturjahrgangs beginnt das Berufsleben mit einer Ausbildung.

Die Entscheidung für eine Lehre ist keine Entscheidung gegen ein Studium. Viele von denen, die eine Lehre aufnehmen, studieren später. Dies hat weitere Vorteile. Man ist reifer bei der Studienentscheidung, kennt bereits die Praxis, kann das Studium zügig absolvieren und hat die Möglichkeit, in den Semesterferien qualifiziert zu jobben. Studenten mit vorheriger Berufsausbildung haben erheblich weniger Schwierigkeiten, Ferienjobs zu finden.

Wer also zu der Überzeugung gelangt ist, mit einer beruflichen Ausbildung auf der sicheren Seite zu sein, oder wer ohnehin mit dieser Option liebäugelt, wird im Folgenden Informationen zu Ausbildungsberufen erhalten, die von Abiturienten oft nachgefragt werden.

Da der Umfang dieses Buches begrenzt ist und es über 350 Ausbildungsberufe gibt, möchten wir die Informationen auf die zentralen Punkte konzentrieren. Für diejenigen, die mehr wissen möchten – welche Inhalte in der jeweiligen Ausbildung vermittelt werden, wie lange die Ausbildung dauert (normalerweise zwei bis drei Jahre für Abiturienten), wie hoch die Ausbildungsvergütung in den einzelnen Jahren ist und welche beruflichen Perspektiven die jeweiligen Ausbildungen bieten –, empfehlen wir die folgenden Publikationen: Dr. Dieter Herrmann / Dr. Angela Verse-Herrmann / Joachim Edler, *Der große Berufswahltest* sowie die Datenbank der Arbeitsagentur unter: *berufenet.arbeitsagentur.de*

Wir haben in die folgende Liste auch Berufe, für die an Berufsfachschulen und im öffentlichen Dienst ausgebildet wird, mit einbezogen.

Handwerklich-technische Ausbildungen

Es gilt zu unterscheiden zwischen körperlich beanspruchenden und körperlich weniger beanspruchenden Ausbildungen. Grundsätzlich werden für diese Ausbildungen körperliche Belastbarkeit, handwerklich-technisches Geschick, technisches Verständnis und Kreativität vorausgesetzt.

Mögliche Ausbildungsberufe sind:

- Augenoptiker / -in
- Bauzeichner / -in
- Buchbinder / -in
- Fachkraft für Veranstaltungstechnik
- Hörakustiker / -in
- Industriemechaniker / -in
- Mechatroniker / -in
- Medientechnologe / Medientechnologin Druck (früher Drucker / -in)
- Technische / -r Konfektionär / -in
- Technische / -r Produktdesigner / -in
- Technische / -r Systemplaner / -in (früher technische / -r Zeichner / -in)
- Tischler / -in
- Zahntechniker / -in

Gestaltung, Kunst, Mode, Design

Für diese Ausbildungen werden Kreativität, handwerklich-technisches Geschick, ein grundsätzliches technisches Verständnis sowie in einigen Ausbildungsberufen auch Verkaufsfähigkeit erwartet.

Infrage kommende Berufe:

- Film- und Videoeditor / -in
- Fotograf / -in
- Gestalter / -in für visuelles Marketing (früher Schauwerbegestalter / -in)
- Gestaltungstechnische / -r Assistent / -in
- Goldschmied / -in

- Keramiker / -in
- Maskenbildner / -in
- Mediengestalter / -in Bild und Ton
- Mediengestalter / -in Digital und Print
- Silberschmied / -in

Beratung, Bedienung, Verkauf

Kontaktfreude, Teamorientierung, Sprachgewandtheit, Interesse am äußeren Erscheinungsbild, Verkaufsfähigkeit und Seriosität sind die wichtigsten Grundlagen, um die Ausbildung erfolgreich abzuschließen und mit Freude im künftigen Beruf zu arbeiten.

Infrage kommende Berufe:

- Bankkaufmann / -frau
- Buchhändler / -in
- Hotelfachmann / -frau
- Hotelkaufmann / -frau
- Immobilienkaufmann / -frau
- Industriekaufmann / -frau
- Informatikkaufmann / -frau
- Investmentfondskaufmann / -frau
- IT-System-Kaufmann / -frau
- Kaufmann / -frau – audiovisuelle Medien
- Kaufmann / -frau – Eisenbahn- und Straßenverkehr
- Kaufmann / -frau – Gesundheitswesen
- Kaufmann / -frau – Groß- und Außenhandel
- Kaufmann / -frau – Marketingkommunikation (früher Werbekaufmann / -frau)
- Kaufmann / -frau – Speditions- und Logistikdienstleistung
- Kaufmann / -frau – Tourismus und Freizeit
- Kaufmann / -frau – Versicherung und Finanzen
- Luftverkehrskaufmann / -frau
- Schifffahrtskaufmann / -frau Linienfahrt
- Schifffahrtskaufmann / -frau Trampfahrt

- Tourismuskaufmann / -frau (Privat- und Geschäftsreisen)
  (früher Reiseverkehrskaufmann / -frau)

Berufe in den Naturwissenschaften

Hierbei handelt es sich vor allem um die sogenannten Assistentenberufe. Hier sind die Voraussetzungen für die Ausbildung und den späteren Beruf Teamorientierung, mathematisches Verständnis und in erster Linie naturwissenschaftliche Begabung.

Infrage kommende Berufe:

- Biologisch-technische / -r Assistent / -in
- Chemielaborant / -in
- Chemisch-technische / -r Assistent / -in
- Pharmazeutisch-technische / -r Assistent / -in
- Physikalisch-technische / -r Assistent / -in

Medizin, Gesundheit und Pflege

Für diese Ausbildungs- und Berufsgruppe sind wichtig: Kontaktfreude, Teamorientierung, weitgehende körperliche Belastbarkeit, soziales Interesse und Engagement, Sprachgewandtheit, naturwissenschaftliches Verständnis und Seriosität.

Mögliche Ausbildungsberufe:

- Ergotherapeut / -in
- Medizinische / -r Dokumentationsassistent / -in
- Medizinische / -r Dokumentar / -in
- Medizinisch-technische / -r Assistent / -in – Funktionsdiagnostik
- Medizinisch-technische / -r Laboratoriumsassistent / -in
- Medizinisch-technische / -r Radiologieassistent / -in
- Nofallsanitäter / -in
- Orthoptist / -in
- Pharmazeutisch-kaufmännische / -r Angestellte / -r
- Physiotherapeut / -in
- Veterinärmedizinisch-technische / -r Assistent / -in
- Zytologieassistent / -in

Soziale Berufe und Erziehung

Kontaktfreude, soziales Interesse und Engagement, Seriosität und pädagogisches Geschick sind Grundvoraussetzungen für Berufsausbildungen in diesem zunehmend wichtiger werdenden Bereich.

Mögliche Ausbildungsberufe (alle an Berufsfachschulen erlernbar):

- Erzieher / -in
- Gymnastiklehrer / -in
- Logopäde / Logopädin

Land- und Forstwirtschaft, Natur und Umwelt

Teamorientierung, körperliche Belastbarkeit bei Berufen in der Landwirtschaft, naturwissenschaftliches Verständnis und in erster Linie Naturverbundenheit sind Voraussetzungen für diese Ausbildungsberufe.

Infrage kommende Berufe:

- Gärtner / -in
- Landwirt / -in
- Pferdewirt / -in
- Pflanzentechnologe / Pflanzentechnologin
- Tierpfleger / -in
- Veterinärmedizinisch-technische / -r Assistent / -in

Rechts- und Sicherheitsberufe

Teamorientierung, körperliche Belastbarkeit (bei Sicherheitsberufen), sprachliche Ausdrucksfähigkeit (Rechtsberufe), Ordnungssinn und ein ausgeprägtes Rechtsbewusstsein sind die zentralen Voraussetzungen für eine erfolgreiche Ausbildung und Freude in einem der folgenden Berufe:

- Justizfachangestellte / -r
- Justizvollzugsbeamtin oder -beamter
- Patentanwaltsfachangestellte / -r
- Polizeivollzugsbeamtin oder -beamter
- Rechtsanwalts- und Notariatsfachangestellte / -r
- Rechtspfleger / -in
- Steuerfachangestellte / -r

Studieren ja, aber was und wo?

Von Ägyptologie bis Zahnmedizin – 180 Studienfächer kurz vorgestellt

An den deutschen Hochschulen können etwa 180 verschiedene Studienfächer studiert werden. Eine Vielzahl ist Schülern und Eltern meist überhaupt nicht oder nur vom Hörensagen bekannt. Vor diesem Angebot stehen unsere künftigen Studierenden, unschlüssig – wie könnte es anders sein –, welches Fach oder welche Fächer sie studieren sollen und für welche Richtung sie die entsprechende Eignung mitbringen.

Wir haben, um einen Weg durch diesen Fächerdschungel zu finden, die rund 180 Studienfächer zu Fächergruppen nach übergeordneten Gesichtspunkten sortiert. So wissen Sie gleich, welche Fächergruppen es gibt, zu welcher Gruppe ein Fach gehört und welche Fächer benachbart sind.

Was dieses Buch nicht leisten kann, ist, Ihnen zu jedem Studienfach die Hochschulen zu nennen, die es anbieten. Zur Recherche empfehlen wir Ihnen die Publikation *Studien- und Berufswahl* der Bundesagentur für Arbeit und zwei Internetdatenbanken, mit denen Studiengänge recherchiert werden können, unter *www.studienwahl.de/de/studieren/finder.htm* und *www.hochschulkompass.de* (Pfad »Die Studiengangsuche«, dann »Erweiterte Suche«).

Die Studienfächer lassen sich in zwölf Fächergruppen einteilen:

1. Sprach-, literatur- und kulturwissenschaftliche Fächer

2. Theologische Fächer

3. Mathematik und Naturwissenschaften

4. Agrar-, Forst- und Ernährungswissenschaften

5. Medizinische Fächer

6. Technische und ingenieurwissenschaftliche Fächer

7. Rechts-, Wirtschafts- und Gesellschaftswissenschaften

8. Sozialwesen

9. Pädagogik und Erziehungswissenschaften

10. Informationswissenschaften

11. Freie und Angewandte Kunst sowie Musik / Theater

12. Sport und Gesundheit

1. Sprach-, literatur-, kulturwissenschaftliche Fächer

Die Sprach-, Literatur- und Kulturwissenschaften sind, was die Zahl der Einzelfächer anbelangt, die größte Fächergruppe. Sie beschäftigen sich mit einzelnen Sprachen und deren Entwicklungen sowie mit historischen Bezügen von Sprache, Literatur und Kultur.

Das Studium der Sprach- und Literaturwissenschaften ist auf das Erlernen von Sprachen, auf das Wissen über die Entwicklung von Sprachen (Sprachgeschichte) und Sprachsystemen sowie den Aufbau von Sprachen (Sprachwissenschaft) und auf literarische Erzeugnisse in Sprachen (Literaturwissenschaft) ausgerichtet. Man nennt diese Fächergruppe auch Philologien.

Diese Fächer werden nicht isoliert studiert, sondern, je nach Hochschule, in Bachelorstudiengängen mit einem Neben- oder Beifach, seltener mit einem zweiten Bachelor-Hauptfach. An Nebenfächern kann man die wählen, die an der Hochschule angeboten und in den Studien- und Prüfungsordnungen als solche ausgewiesen werden.

Im Studium erlernt man eine oder mehrere Sprachen, beschäftigt sich mit der Entwicklung dieser Sprache oder Sprachen, mit ihrem Aufbau und System, mit sprachlichen Quellen und Dokumenten sowie mit den geschichtlichen und kulturellen Bezügen dieser Sprachen.

Das Studium kann nach drei Jahren mit dem Bachelor of Arts (B. A.) abgeschlossen werden. In einem daran anschließenden zweijährigen Masterstudium haben die Absolventen die Wahl, entweder die Inhalte des Bachelorstudiums fachlich zu vertiefen (sogenannter konsekutiver Masterstudiengang) oder interdisziplinär zu erweitern (sogenannter nicht-konsekutiver Masterstudiengang).

Ausgenommen sind hiervon die Lehramtsstudiengänge, die mit einem Bachelor und Master of Education (B.Ed. / M.Ed.) oder einem Staatsexamen abschließen.

Eine Besonderheit innerhalb der Gruppe »sprach-, literatur- und kulturwissenschaftliche Fächer« sind die Studiengänge der Angewandten Sprachwissenschaft (Übersetzen, Dolmetschen). Bei diesen Fächern spielen Sprachgeschichte und Sprachkultur keine entscheidende Rolle. Die Ausbildung soll die Studierenden in die Lage versetzen, gegenwärtige Fremdsprachen einschließlich Fachsprachen entweder in schriftlicher (Übersetzen) oder in mündlicher Form (Dolmetschen) zu übertragen. Diese Studiengänge schließen ebenfalls mit einem Bachelor und Master of Arts (B.A./M.A.) ab.

Die Kulturwissenschaften beschäftigen sich entweder mit historischen, d.h. heute nicht mehr bestehenden Kulturen oder mit noch bestehenden Kulturen in ihrer Entwicklung und ihren Auswirkungen auf andere gegenwärtige Kulturen. Der Begriff Kultur ist dabei in einem sehr weiten Sinne als die Vielfalt menschlicher Kulturäußerungen, die sich in der Geschichte, Philosophie, Kunst, Musik, Literatur, Religion, Gesellschaft oder im Brauchtum usw. zeigen, zu verstehen. Solche Fächer beziehen sich auf eine Epoche (z.B. Antike), auf einzelne Regionen (z.B. deutsche Geschichte) oder auf eine Kulturäußerung (z.B. Kunstgeschichte oder Philosophie).

Die Fächergruppe *Sprach-, Literatur- und Kulturwissenschaften* lässt sich in zwei Untergruppen einteilen:

Die erste Untergruppe heißt *sprach- und literaturwissenschaftliche Fächer Europas und Nordamerikas.* Hierzu gehören folgende Einzelfächer:

- Amerikanistik (Sprache, Geschichte, Literatur und Kultur Nordamerikas)
- Kanadistik (Sprache, Geschichte, Literatur und Kultur Kanadas)
- Anglistik (Sprache, Literatur, Kultur und Geschichte Englands und der von England geprägten Welt)
- Balkanologie (Sprachen und Kulturen der Balkanländer)
- Baltische Philologie (Sprachen und Kulturen der Länder Lettland und Litauen sowie angrenzender Regionen)
- Byzantinistik (Sprachen und Kulturen des Oströmischen Reiches bis zur Eroberung durch die Türken im 15. Jahrhundert)
- Finnougristik (die ursprünglich verwandten Sprachen und Kulturen Finnlands und Ungarns, auch Estnisch gehört zu den finnougrischen Sprachen)
- Germanistik (deutsche Sprache und Literatur)
- Niederländische Philologie (niederländische Sprache, Literatur und Kultur), auch Niederlandistik genannt
- Skandinavistik/Nordistik (Sprachen und Kulturen der nordeuropäischen Länder)
- Keltologie (keltische Sprachen und Kulturen)
- Klassische Philologie (Latein, Griechisch)

- Mittellateinische Philologie (lateinische Sprache im Mittelalter)
- Neugriechisch
- Romanistik (Kulturen und Sprachen der romanischen Welt wie Französisch, Italienisch, Spanisch, Portugiesisch oder Rumänisch)
- Slawistik (slawische Kulturen und Sprachen wie Russisch, Polnisch, Tschechisch)
- Allgemeine Sprachwissenschaft (Vergleich von verschiedenen Sprachen und Sprachsystemen)
- Angewandte Sprachwissenschaft (Übersetzen, Dolmetschen)
- Vergleichende Literaturwissenschaft (Vergleich von verschiedenen Literaturen)

Die zweite Untergruppe sind die *außereuropäischen Sprachen und Kulturen,* die sich noch einmal in fünf weitere Untergruppen unterteilen lassen.

Die erste dieser Untergruppen sind die *Sprachen und Kulturen der Alten Welt.* Hierbei handelt es sich um alte, meist orientalische Kulturen, die heute nicht mehr bestehen. Hierzu gehören:

- Ägyptologie (ägyptische Sprachen und Kulturen von der Pharaonenzeit bis zur griechisch-römischen Zeit)
- Koptologie (Sprache und Geschichte der Christen in Ägypten, auch Kopten genannt)
- Altorientalistik / Assyriologie (die alten Kulturen der Babylonier und der Sumerer)
- Hethitologie (Sprache und Kultur der Hethiter)
- Vorderasiatische Altertumswissenschaft
- Altamerikanistik (altamerikanische Indianersprachen und -kulturen)
- Papyrologie (befasst sich mit den schriftlichen Quellen der Spätzeit Ägyptens bis in die arabische Zeit)

Die zweite Untergruppe sind die *Sprachen und Kulturen des Vorderen Orients und Afrikas.* Im Einzelnen handelt es sich um folgende Studienfächer:

- Afrikanistik (afrikanische Sprachen und Kulturen)
- Orientalistik (Sprachen und Kulturen des Orients)
- Iranistik (Sprachen und Kulturen des Persischen Reiches)
- Islamwissenschaft (Sprachen und Kulturen der vom Islam geprägten Welt)
- Arabistik (arabische Sprachen und Kulturen)

- Semitistik (semitische Sprachen und Kulturen)
- Turkologie (Sprachen und Kulturen der asiatischen Turkvölker)
- Wissenschaft vom christlichen Orient (christliche Kulturen im Orient)
- Judaistik (Sprache, Kultur und Geschichte der Juden)

Das Studienfach, das sich mit *Sprachen und Kulturen des indischen Subkontinents* (heutige Staaten Indien, Pakistan, Bangladesch, Bhutan, Malediven, Sri Lanka, Afghanistan, Nepal) beschäftigt, heißt Indologie.

Zu der vierten Untergruppe *Sprachen und Kulturen Südostasiens* gehören diejenigen von Austronesien (der Südsee), des Birmareiches, Indonesisch (alt-malayische und neu-indonesische Sprachen), Thailändisch (Geschichte, Kultur und Sprache der Thai-Völker) und die Sprachen und Kulturen Vietnams.

Die letzte Untergruppe innerhalb der sprach- und literaturwissenschaftlichen Fächer sind die *Sprachen und Kulturen Zentral- und Ostasiens*, wozu im Einzelnen gehören:

- Koreanistik (Sprache und Kultur Koreas)
- Japanologie (japanische Sprache und Kultur)
- Sinologie (chinesische Sprache und Kultur)
- Mongolistik
- Tibetologie (diese zwei zuletzt genannten Fächer beschäftigen sich mit zentralasiatischen Sprachen und Kulturen)

Unter dem Begriff *Kulturwissenschaften* werden die Fächer zusammengefasst, bei denen nicht das Erlernen der jeweiligen Kultursprachen, sondern die Beschäftigung mit geschichtlichen und kulturellen Gesichtspunkten im Vordergrund des Studiums steht. Hierzu zählen:

- Archäologie (klassische, christliche, Provinzialarchäologie)
- Informations- und Bibliothekswissenschaft
- Buchwissenschaft
- Archivwesen
- Geschichte (vom Altertum bis zur Zeitgeschichte)
- Historische Landeskunde
- Angewandte Kulturwissenschaft

- Kunstgeschichte, Kunstwissenschaft (einschließlich indische und orientalische Kunstgeschichte)
- Musikwissenschaft / Vergleichende Musikwissenschaft
- Philosophie
- Vergleichende Religionswissenschaft (auf mehrere Religionen bezogen)
- Theaterwissenschaft
- Völkerkunde (auch Ethnologie genannt)
- Volkskunde / Europäische Ethnologie

Fächer der Gruppe Sprach-, Literatur- und Kulturwissenschaften kann man nur an den Universitäten (vereinzelt auch an Technischen Universitäten) studieren. Keine deutsche Universität bietet alle Fächer aus diesem Bereich an. Am stärksten sind sie vertreten an den alten deutschen Universitäten und an den großen neuen Universitäten. An den neuen kleinen Universitäten sind meistens nur einige davon zu finden. An technisch ausgerichteten Universitäten sind sie nicht oder nur wenige von ihnen vertreten. Die Studiendauer für diese Fächer beträgt im Durchschnitt fünf bis sechs Jahre (Bachelor- plus Masterstudiengang). Wer sich nur für einen Bachelorstudiengang entscheidet, kann bereits nach drei Jahren das Studium abschließen. Erworben wird der Bachelor und Master of Arts (B.A. / M.A.)

Für die Absolventen dieser Fächergruppe gibt es kein fest umrissenes Berufsfeld. Sie streben eine Beschäftigung in folgenden Bereichen an: Lehramt an Schulen, Mitarbeit in Bildungseinrichtungen, bei Behörden, in den Medien, in Museen, Archiven, Bibliotheken und Verlagen, Tätigkeiten im Hochschuldienst, im auswärtigen Dienst oder in der Entwicklungshilfe.

Bei den sprach-, literatur- und kulturwissenschaftlichen Fächern ist es wichtig, ein ausgeprägtes Sprachgefühl zu besitzen, sicher im sprachlichen Ausdruck zu sein und Freude und Interesse am Lesen von Literatur und an Kulturgeschichte zu haben. Gute Leistungen in Schulfächern wie Deutsch, Englisch, Französisch, Latein, Geschichte und Philosophie sind grundlegende Voraussetzungen.

2. Theologische Fächer

Die theologischen Fächer beschäftigen sich mit der Lehre von Gott, mit der Verkündigung der Glaubenslehre und mit der Entwicklung des christlichen Glaubens. Je nach Ausrichtung und Schwerpunkt unterscheidet man katholisch-theologische Fächer (Katholische Theologie, Katholische Religionspädagogik), Evangelische Religionslehre

(Evangelische Theologie, Evangelische Religionspädagogik), das Studium kleinerer christlicher Glaubensgemeinschaften (z. B. Altkatholische Theologie) und die Fächer, die sich mit der pädagogischen Vermittlung dieser Glaubensgrundsätze (Religionspädagogik) beschäftigen. Das Fach Vergleichende Religionswissenschaft untersucht Gemeinsamkeiten und Unterschiede verschiedener Religionen, z. B. Christentum, Judentum, Islam, Buddhismus.

Die theologischen Fächer können entweder an Universitäten oder an speziellen Kirchlichen oder Theologischen / Philosophischen Hochschulen studiert werden. Für das Studium sollten fünf bis sechs Jahre veranschlagt werden. Interesse an Sprachen sollte vorhanden sein: Latein, Griechisch und Hebräisch sind die Quellensprachen der christlichen Religionen. Aus diesem Grund ist in den ersten Semestern das Erlernen dieser alten Sprachen ein wichtiger Bestandteil des Studiums.

Die Absolventen sind – je nach Ausbildung – als Geistliche, als Laientheologen, in der kirchlichen Erwachsenenbildung, in sozialen Berufen oder als Religionslehrer im Schuldienst tätig.

Die wichtigste Voraussetzung für ein theologisches Studium ist der Glaube. Aber an Gott glauben reicht allein nicht aus. Für den späteren Geistlichen oder Laientheologen ist ein Verständnis für die Sorgen und Probleme anderer Menschen ebenso wichtig wie das Interesse an philosophischen und geistigen Fragen. Außerdem sollte, wie bereits erwähnt, ein starkes Interesse an alten Sprachen sowie an Geschichte bestehen.

3. Mathematik und Naturwissenschaften

Die dritte Gruppe bilden die mathematischen und naturwissenschaftlichen Fächer. Hierbei handelt es sich um eine Reihe von einzelnen Disziplinen, die sich mit der systematischen Erforschung der Natur oder Teilen davon beschäftigen. Das Ziel dieser Fächer besteht darin, Erscheinungen und Vorgänge in der Natur und deren Gesetzmäßigkeit mit Experimenten zu ergründen, aus Beobachtung Theorien zu entwickeln und Natur mithilfe der Technik nutzbar zu machen.

Es gibt die sogenannten klassischen naturwissenschaftlichen Fächer, wie Physik, Chemie, Biologie, Geologie und Pharmazie, und neuere Fächer (z. B. Biotechnologie). Die Mathematik wird, obwohl sie sich mit Zahlen beschäftigt, zu den Naturwissenschaften gerechnet, weil sie wichtige Methoden und Verfahren für die Naturwissenschaften liefert und gewissermaßen die Sprache der Naturwissenschaften ist.

Die Gruppe umfasst folgende Einzelfächer:

- Allgemeine Mathematik

- Angewandte Mathematik
- Technomathematik
- Wirtschaftsmathematik
- Biologie
- Biochemie
- Biotechnologie
- Chemie
- Geografie
- Meteorologie
- Mineralogie
- Ozeanografie
- Physik / Physikalische Technik
- Astronomie (zumeist Schwerpunkt innerhalb des Faches Physik)
- Geologie
- Geoökologie
- Geophysik
- Informatik mit verschiedenen Einzelfächern
- Lebensmittelchemie
- Pharmazie

Das Studium dieser Fächergruppe ist an Universitäten und – von einigen klassischen Naturwissenschaften abgesehen – an Fachhochschulen möglich. Wer sich für ein Universitätsstudium entscheidet, sollte für einen Bachelor- und darauf aufbauenden Masterstudiengang mindestens fünf bis sechs Jahre Studienzeit einkalkulieren. Für das Fach Pharmazie, das mit einem Staatsexamen abschließt, gilt als Richtlinie viereinhalb bis fünf Jahre Studium. Das FH-Studium (nur für wenige Fächer) ist im Bachelorstudiengang in der Regel auf dreieinhalb Jahre (sieben Semester) angelegt; ein Master an der Fachhochschule dauert weitere ein, eineinhalb oder zwei Jahre (Gesamtdauer dann auch etwa fünf bis sechs Jahre).

Der Studienerfolg ist vor allem abhängig vom Kenntnisstand in den Naturwissenschaften. Sie haben richtig gelesen: in allen Naturwissenschaften. Denn das Studium ist in den ersten Semestern in den verschiedenen Fächern sehr ähnlich und enthält, egal, für welches Fach Sie sich entscheiden, neben dem eigentlichen Studienfach grundsätzlich viele Lehrveranstaltungen in Mathematik, Chemie und Physik. Später im Studium verschieben sich die Anteile natürlich stärker zum eigentlichen Studienfach. Da viele Studierende nicht mit gleich guten Kenntnissen in allen Naturwissenschaften an die Hochschule kommen, ist es meist notwendig, in Vorkursen vor dem Studium oder in den ersten Semestern die noch fehlenden Kenntnisse zu erwerben. Mancher, der bereits früh Chemie und Physik in der Schule abgewählt hat, muss viel Grundwissen aufarbeiten. Deshalb sollte sich niemand an einem mathematisch-naturwissenschaftlichen Fach versuchen, der kein grundlegendes Interesse für die Naturwissenschaften mitbringt. Bei Informatik muss ein starkes Interesse für Computer und EDV vorhanden sein.

Bei dieser Fächergruppe ist es auch von Vorteil, über etwas technische Begabung und Handgeschick zu verfügen, da das Studium etliche fachpraktische und experimentelle Lehrveranstaltungen beinhaltet.

Mathematiker und Naturwissenschaftler sind überwiegend in Forschung und Entwicklung tätig, sei es in der Industrie, in staatlichen Forschungseinrichtungen, in privatwirtschaftlichen Planungsbüros, an Hochschulen oder bei Behörden (z. B. Ministerien), die Forschungsentwicklungen steuern oder kontrollieren.

4. Agrar-, Forst- und Ernährungswissenschaften

Mit den Naturwissenschaften verwandt ist die nächste Fächergruppe, die Agrar-, Forst- und Ernährungswissenschaften. Zu dieser Gruppe gehören all die Fächer, die sich mit der Gestaltung der Landschaft, mit der wirtschaftlichen Nutzung und Pflege des Bodens beschäftigen, ferner mit den vielfältigen Arten von Pflanzenbau sowie Tierhaltung und mit der menschlichen und tierischen Ernährung unter Berücksichtigung von physiologischen und wirtschaftlichen Gesichtspunkten. Auch ökologische Fragestellungen spielen eine wichtige Rolle. Einige dieser Fächer haben deshalb entsprechende Umweltschwerpunkte.

Die einzelnen Fächer dieser Gruppe sind:

- Agrarwissenschaften
- Landwirtschaft
- Agrarbiologie
- Agrarökonomie
- Forstwirtschaft
- Forstwissenschaft
- Landespflege

- Holzwirtschaft
- Landschaftsgestaltung
- Landschaftsplanung
- Gartenbau
- Haushaltswissenschaft / Haushaltstechnik
- Ernährungswissenschaft
- Lebensmitteltechnologie
- Weinbau

Die Agrar-, Forst- und Ernährungswissenschaften können entweder an den wissenschaftlichen Hochschulen oder an Fachhochschulen studiert werden. Das Studium an Universitäten dauert in kombinierten Bachelor- / Master-Studiengängen etwa fünf bis sechs Jahre. Der universitäre Bachelorstudiengang ist in der Regel auf drei Jahre (sechs Semester) angelegt, ein vertiefendes oder interdisziplinär ausgerichtetes Masterstudium auf zwei Jahre. An Fachhochschulen sind überwiegend Bachelorstudiengänge von dreieinhalbjähriger (siebensemestriger) und Master-Studiengänge von ein-, eineinhalb- und zweijähriger Dauer üblich.

Bei dieser Fächergruppe benötigt man eine Begabung für naturwissenschaftliche Fächer, wie etwa Physik, Chemie, Biologie und Mathematik. Hinzu kommen Interesse an Natur und Umwelt, Hand- und Fingergeschick, technisches Verständnis sowie körperliche Belastbarkeit.

Den Absolventen bieten sich entsprechend ihren Schwerpunktfächern berufliche Tätigkeiten bei land- und forstwirtschaftlichen Behörden, bei Landschafts- und Siedlungsbehörden, in Verbraucher- und Kontrolleinrichtungen, in Industriebetrieben, in landschaftsgestaltenden Unternehmen oder als selbstständige Raum-, Landschafts- und Umweltplaner.

5. Medizinische Fächer

Die medizinischen Fächer befassen sich mit dem gesunden und kranken menschlichen und tierischen Organismus, vor allem mit den Erscheinungsformen von Krankheiten sowie deren Erkennung, Behandlung und Verhütung. Sie sind ebenfalls naturwissenschaftlich orientiert.

Es gibt drei medizinische Fächer:

- Humanmedizin (Heilkunde vom Menschen)

- Tiermedizin (Tierheilkunde)
- Zahnmedizin

Jedes dieser Fächer ist wiederum in einzelne Spezialgebiete unterteilt. Grundlage des Medizinstudiums sind die naturwissenschaftlichen Fächer Chemie, Biologie, Physik und Mathematik. Immer wichtiger werden auch die technischen und ingenieurwissenschaftlichen Fächer, die der Medizin neue technische Geräte und Verfahren bei der Erkennung und Behandlung von Krankheiten liefern. Eine zunehmend wichtige Hilfswissenschaft ist die Psychologie, da eine Reihe menschlicher Erkrankungen ihre Ursache in seelischen oder sozialen Problemen hat.

Das Studium der Medizin ist nur möglich an Universitäten und an speziellen Medizinischen Hochschulen. Es ist eine der längsten Universitätsausbildungen. Bis zum ersten Studienabschluss sollte man etwa sechs bis sechseinhalb Jahre veranschlagen. Daran schließt sich in der Regel eine mehrjährige Facharztausbildung an. Für das Medizinstudium sind vor allem drei Voraussetzungen wichtig: gute mathematische und naturwissenschaftliche Begabung, Kommunikationsfähigkeit, soziale Kompetenz, Einfühlungsvermögen sowie körperliche und geistige Belastbarkeit.

Ärzte arbeiten überwiegend selbstständig als Allgemeinmediziner oder als Facharzt. Daneben gibt es Beschäftigungsmöglichkeiten als (angestellte) Krankenhausärzte, als Betriebsärzte und im Gesundheitsdienst (z. B. Gesundheitsamt) oder – mit entsprechenden Zusatzqualifikationen – bei Verbänden, Beratungsfirmen, Versicherungen und medizinischen Verlagen.

6. Technische und ingenieurwissenschaftliche Fächer

Die sechste Gruppe sind die technischen und ingenieurwissenschaftlichen Fächer. Zu dieser Gruppe gehören über fünfzig verschiedene Einzelfächer, die sich mit der Entwicklung technischer Abläufe beschäftigen, technische Maschinen, Geräte und Werkzeuge entwickeln oder technische Prozesse steuern, Technik weiterentwickeln, die Anwendung der Technik auf neue Bereiche erproben und technisches Denken entwickeln.

Die technischen und ingenieurwissenschaftlichen Fächer sind im Laufe der letzten hundert Jahre aus den Naturwissenschaften entstanden. Viele technische Maschinen und Geräte sind natürlichen Abläufen nachgebaut oder versuchen, natürliche Prozesse in technische Verfahren umzusetzen. Vor diesem Hintergrund ist es einleuchtend, dass sie einen engen Bezug zu den klassischen naturwissenschaftlichen Fächern wie Physik, Chemie, Biologie und vor allem Mathematik haben.

Die Fächergruppe umfasst folgende Einzeldisziplinen, die entweder an Universitäten oder zum Teil an Fachhochschulen studiert werden können:

- Architektur
- Bauingenieurwesen / Bautechnik
- Bekleidungs- / Textiltechnik
- Bergbau / Markscheidewesen
- Betriebstechnik
- Biomedizinische Technik
- Biotechnologie
- Brennstoffingenieurwesen
- Chemieingenieurwesen / Verfahrenstechnik
- Druck- und Medientechnik
- Elektrotechnik
- Feinwerktechnik
- Getränketechnologie
- Gießereitechnik
- Hüttenwesen / Metallkunde
- Informatik
- Kunststofftechnik
- Maschinenbau / Maschinentechnik (mit vielen Unterfächern wie Fahrzeugtechnik, Fertigungstechnik, Konstruktionstechnik, Luft- und Raumfahrttechnik, Schiffbau usw.)
- Medientechnik
- Produktionstechnik
- Raumplanung
- Recycling
- Rohstoffingenieurwesen
- Umwelttechnik
- Verfahrenstechnik
- Vermessungswesen (Geodäsie)
- Versorgungstechnik / Entsorgungstechnik
- Wasserbau
- Werkzeugtechnik

Das Studium an Universitäten dauert in Bachelor- und Masterstudiengängen etwa fünf bis sechs Jahre. Der universitäre Bachelorstudiengang ist in der Regel auf drei Jahre (sechs Semester), der universitäre Masterstudiengang auf zwei Jahre angelegt. Verliehen wird der Bachelor bzw. Master of Engineering (B.Eng. / M.Eng.) oder der Bachelor / Master of Science (B.Sc. / M.Sc.). Bachelor-Fachhochschulstudiengänge umfassen in der Regel dreieinhalb Jahre bzw. sieben Semester, Masterstudiengänge (FH) ein, eineinhalb oder zwei Jahre.

Um ein technisches oder ingenieurwissenschaftliches Fach erfolgreich zu bewältigen, benötigt man Hand- und Fingergeschick, sehr gute mathematische und physikalische Begabung, ein gutes räumliches Vorstellungsvermögen, Verständnis für technische Zusammenhänge sowie Interesse an der Arbeit mit Maschinen und technischen Anlagen. Wer handwerklich geschickt ist und in Schulfächern wie Physik, Mathematik, Zeichnen und Werken erfolgreich war, sollte sich ein solches Studium zutrauen.

Ingenieure haben ein breites Berufs- und Tätigkeitsfeld, das von Industriebetrieben über Behörden bis hin zu selbstständigen Möglichkeiten reicht. Überall, wo es um technische Neuentwicklungen, um den Einsatz der Technik oder um technische Abläufe oder Fragen geht, trifft man auf technisch ausgebildete Hochschulabsolventen.

Die Berufsperspektiven sind auch in den kommenden Jahren außerordentlich gut, weil der Bedarf an gut ausgebildeten Ingenieuren in den nächsten Jahren eher noch ansteigen wird. Seit Jahren werben Fachleute für diese Studienfächer. Wer über die notwendige Begabung verfügt, studiert in eine beruflich günstige Zukunft.

7. Rechts-, Wirtschafts-, Gesellschaftswissenschaften

Diese Fächer befassen sich im Allgemeinen mit den verschiedenen Aspekten des menschlichen Zusammenlebens und den daraus resultierenden Auswirkungen.

Rechtswissenschaft (Jurisprudenz, deshalb auch Jura genannt) bezieht sich auf das Verständnis, die Auslegung und Weiterentwicklung von rechtlichen Fragen und Zusammenhängen. Hierzu gehört auch die Auseinandersetzung mit der Geschichte des Rechts, seiner Legitimation und Herleitung (Rechtsphilosophie) sowie den sozialen und politischen Auswirkungen. Immer wichtiger werden auch die Teilbereiche Rechtsvergleichung (Vergleich mehrerer Rechtssysteme), Europarecht, ferner internationales Recht.

Das Studium der Gesellschaftswissenschaften ist nur an Universitäten möglich und schließt mit dem Staatsexamen ab. Veranschlagt werden für Studium und Examen neun bis zehn Semester.

Wirtschaftswissenschaften ist der Oberbegriff für mehrere Studienfächer, die sich mit wirtschaftlichen Fragen, Abläufen, Entwicklungen und Entscheidungen beschäftigen. Hierbei stehen staatliche Entscheidungen und wirtschaftliches Handeln von Unternehmen und Konsumenten im Vordergrund. Je nach Studienfach liegt der Schwerpunkt mehr auf der Gesamtwirtschaft und ihren internationalen Bezügen (Volkswirtschaftslehre, abgekürzt VWL) oder mehr auf den einzelnen Teilen der Wirtschaft, z. B. den Unternehmen (Betriebswirtschaftslehre, abgekürzt BWL), oder auf der Vermittlung wirtschaftlichen Wissens (Wirtschaftspädagogik). Das Studium der Wirtschaftswissenschaften / Ökonomie verbindet Teile der BWL und VWL zu einem eigenen Fach.

Die Wirtschaftswissenschaften können an Universitäten (VWL, BWL, Wirtschaftspädagogik) und an Fachhochschulen studiert werden, wobei sich an Fachhochschulen das Studienangebot auf die Betriebswirtschaftslehre beschränkt (Ausnahme sind einige wenige Fachhochschulen, die auch VWL anbieten). An Fachhochschulen werden zudem Studiengänge in Wirtschaftsrecht angeboten, die rechts- und wirtschaftswissenschaftliche Inhalte vermitteln.

In den letzten Jahren sind die früher üblichen Diplomstudiengänge fast vollständig auf das Bachelor-/Master-Studienmodell umgestellt worden. Für einen Bachelorstudiengang an Universitäten sollten in der Regel drei Jahre, an Fachhochschulen dreieinhalb Jahre einkalkuliert werden. Wer ein Masterstudium anschließt, für den verlängert sich die Studienzeit an Universitäten in der Regel um zwei Jahre, an Fachhochschulen um ein, eineinhalb oder zwei Jahre. Der Abschluss ist entweder der Bachelor und Master of Arts (B.A. / M.A.) oder der Bachelor und Master of Science (B.Sc. / M.Sc.).

Die *Gesellschaftswissenschaften* befassen sich mit allen Erscheinungsformen, Entwicklungen und Problemen des Menschen als gesellschaftlichem Wesen, entweder unter dem Gesichtspunkt individueller Probleme und menschlicher Konflikte und deren Bewältigung (z. B. Psychologie) oder mit gesellschaftlichen Gruppen und sozialen Schichten einschließlich der Konfliktstrategien und Konfliktbewältigungen (z. B. Soziologie) oder mit dem Menschen als Subjekt und Objekt politischer Prozesse und Entscheidungen und mit den Rahmenbedingungen politischen Handelns (Politologie).

Das Studium der Gesellschaftswissenschaften ist an Universitäten und an einigen anderen wissenschaftlichen Hochschulen möglich. Für das Studium sollten etwa fünf bis sechs Jahre in kombinierten Bachelor- und Masterstudiengängen einkalkuliert werden, für Bachelorstudiengänge an Universitäten in der Regel drei Jahre, an Fachhochschulen dreieinhalb Jahre, für weiterführende Masterstudiengänge an Universitäten plus zwei Jahre, an Fachhochschulen plus ein, eineinhalb oder zwei Jahre.

Die Gruppe Rechts-, Wirtschafts- und Gesellschaftswissenschaften umfasst folgende Einzelfächer:

- Volkswirtschaftslehre
- Betriebswirtschaftslehre
- Wirtschaftswissenschaften / Ökonomie (Verbindung von VWL und BWL)
- Technische Betriebswirtschaftslehre
- Politikwissenschaft
- Rechtswissenschaft
- Sozialwissenschaften
- Soziologie
- Sozioökonomie
- Psychologie
- Verwaltungswissenschaft
- Statistik (Hilfswissenschaft für die Wirtschafts- und Gesellschaftswissenschaften)
- Wirtschaftsingenieurwesen (Verbindung von Wirtschaftswissenschaften und Ingenieurwissenschaften)
- Wirtschaftspädagogik
- Wirtschaftsrecht

Studierende benötigen für das Studium dieser Fächer Kommunikationsfähigkeit und sprachliche Ausdrucksfähigkeit, Spaß am Arbeiten mit Zahlen und Daten, Interesse für wirtschaftliche Fragestellungen und Abläufe oder für rechtliche Fragen.

Für das Jurastudium gelten gute Leistungen in den Schulfächern Deutsch, Mathematik und Latein als ideale Ausgangsbedingungen.

Bei den Wirtschaftswissenschaften werden Begabungen in Mathematik, Deutsch und Wirtschaftskunde für wichtig erachtet. Wer kein Interesse an wirtschaftlichen Fragen hat und noch nie den Wirtschaftsteil einer Zeitung gelesen hat, sollte diese Studienwahl nicht treffen.

Wichtige Voraussetzungen für Psychologen sind Belastbarkeit, Kontaktfähigkeit, soziale Kompetenz, Einfühlungsvermögen und die Fähigkeit zum aktiven Zuhören.

Bei den Gesellschaftswissenschaften ist ein Interesse an Fächern wie Gemeinschaftskunde, Sozialkunde und Geschichte hilfreich. Auch eine mathematische Grundbegabung ist von Vorteil, weil in diesen Fächern Statistik eine Rolle spielt.

Juristen sind entweder im Justizdienst als Richter, Staatsanwälte und Notare, in eigener Kanzlei als Rechtsanwälte und Steuerberater oder angestellt in Behörden oder Unternehmen tätig.

Wirtschaftswissenschaftler findet man überall, wo es um Wirtschaftsplanung, Geld oder Zahlen geht. Sie arbeiten im kaufmännischen Bereich von Banken und Versicherungen, von Industrie- und Handelsbetrieben, in Behörden, als selbstständige Unternehmer oder freiberuflich, z. B. als Wirtschaftsprüfer oder Unternehmensberater.

Gesellschaftswissenschaftler haben hingegen kein fest umrissenes Berufsfeld. Sie suchen Tätigkeiten in den Medien, bei staatlichen Behörden, in der Politik und Politikberatung, in der Erwachsenenbildung und in der Presse- und Öffentlichkeitsarbeit.

8. Sozialwesen

Die achte Fächergruppe heißt Sozialwesen und ist mit den Gesellschaftswissenschaften eng verbunden. Während die Gesellschaftswissenschaften gesellschaftliche Entwicklungen und Probleme vorwiegend theoretisch untersuchen, befasst sich das Sozialwesen mehr mit der praktischen Bewältigung sozialer Probleme. Es ist dazu da, Menschen in individuellen Notlagen Hilfen zu geben, um deren eigene Kräfte zu entwickeln; seine Ziele sind, Menschen zu verantwortlichem Handeln anzuleiten, Notständen vorzubeugen und Wissen über die Zusammenhänge von Gesellschaft, Konflikten und deren Lösungen anderen Menschen zu vermitteln.

Das Sozialwesen umfasst die Fächer Soziale Arbeit und Sozialpädagogik (Studium an wissenschaftlichen Hochschulen und an Fachhochschulen) sowie kirchliche Bildungsarbeit (vor allem an konfessionellen Fachhochschulen).

Bachelorstudiengänge in diesem Bereich schließen in der Regel nach drei Jahren an Universitäten und nach dreieinhalb Jahren an Fachhochschulen ab. Für ein darauf aufbauendes Masterstudium müssen an Universitäten weitere zwei Jahre, an Fachhochschulen ein, eineinhalb oder zwei Jahre Studienzeit veranschlagt werden.

Von Sozialarbeitern und Sozialpädagogen werden folgende Fähigkeiten erwartet: Hineindenken in die Probleme anderer Menschen, Lösungen für diese Probleme finden, sicherer Umgang mit anderen Menschen, sich stets auf neue Situationen und andere Menschen einstellen können und Menschen helfen. Deshalb sind hohe psychische Belastbarkeit, Kontaktfreude und Kontaktfähigkeit, viel Einfühlungsvermögen in die soziale Situation, die Fähigkeit zum Zuhören und Handlungsbereitschaft erforderlich. Gefragt ist viel Idealismus in der Sache (anderen Menschen helfen wollen), Selbstverwirklichung spielt in diesem Beruf nur eine untergeordnete Rolle.

Absolventen dieser Studiengänge findet man in der Familienfürsorge, in der Jugend- und Sozialhilfe, in der Strafrechtshilfe, als Leiter von pädagogischen Einrichtungen oder in städtischen Behörden, die in sozialen Fragen beraten. Sie sind überwiegend als Angestellte tätig.

9. Pädagogik und Erziehungswissenschaften

Die neunte Gruppe sind die pädagogischen und erziehungswissenschaftlichen Fächer. Hierzu gehören auch die sogenannten Lehramtsfächer.

Die Pädagogik hat ein weites Einsatzfeld: von der Pädagogik des Kindes bis zur Pädagogik des alten Menschen, von der schulischen Bildung bis zur beruflichen Weiterbildung.

Den Schwerpunkt der pädagogischen Fächer bilden die sogenannten Lehramtsfächer. In Deutschland werden Lehrerinnen und Lehrer für folgende Schularten ausgebildet:

- Lehramt an Grund- und Hauptschulen
- Lehramt an Sonderschulen (Sonderpädagogik)
- Lehramt an Realschulen
- Lehramt an Gymnasien
- Lehramt an beruflichen / berufsbildenden Schulen

Die Lehramtsausbildung umfasst die Kombination von zwei oder drei Fächern, allgemeine Pädagogik (Grundlagen der Pädagogik, Schulpädagogik, psychologische Pädagogik, gesellschaftskundliche Fächer), die auf das jeweilige Fach ausgerichtete pädagogische Vermittlung (fachwissenschaftlich-didaktische Ausbildung) sowie verschiedene Schulpraktika. Auf die Ausbildung an den Hochschulen (Universitäten, Pädagogische Hochschulen sowie in Einzelfällen Musik- und Kunsthochschulen), die zwischen dreieinhalb Jahren (Lehramt an Grund- und Hauptschulen) und fünf bis sechseinhalb Jahren (Lehramt an Gymnasien) dauert, folgt eine, je nach Bundesland, 18- bis 24-monatige praktische Vorbereitungsphase, auch Referendariat genannt.

Die Gruppe der Lehramtsfächer umfasst folgende Einzelfächer (alle Schulstufen):

- Deutsch
- Mathematik
- Religionslehre
- Erdkunde

- Sozialkunde
- Musik
- Bildende Kunst / Werken
- Sport

Hinzu kommen folgende Fächer:

- Geschichte
- Englisch
- Französisch
- Hauswirtschaft
- Wirtschaftslehre
- Physik
- Chemie
- Biologie
- Informatik
- Latein
- Griechisch
- und andere europäische Fremdsprachen

Die Fächer der Sonderpädagogik umfassen:

- Blindenpädagogik
- Sehbehindertenpädagogik
- Gehörlosenpädagogik
- Schwerhörigenpädagogik
- Geistigbehindertenpädagogik
- Körperbehindertenpädagogik
- Lernbehindertenpädagogik
- Sprachbehindertenpädagogik
- Verhaltensgestörtenpädagogik (einschließlich Soziologie, Psychologie und Recht der Behinderten)

Für das Lehramt an beruflichen/berufsbildenden Schulen werden Berufsschullehrer/-innen ausgebildet, die theoretische Kenntnisse und fachpraktische Fertigkeiten für spätere Berufe vermitteln. Je nach Berufsfeld gibt es verschiedene Ausrichtungen: Technik, Naturwissenschaft, Ernährungs- und Hauswirtschaft, Landwirtschaft und Gartenbau, Sozialpädagogik, Gestaltung und Wirtschaft. Entweder werden zwei berufliche Fachrichtungen kombiniert oder ein berufliches Fach mit einem allgemeinbildenden wie etwa Deutsch, Englisch, Mathematik, Biologie, Chemie usw.

Da die Lehramtsausbildung Sache der einzelnen Bundesländer ist, ergeben sich, was Fächerkombinationen, Dauer der Ausbildung, Studienstruktur (Bachelor-/Master-Studienmodell oder Staatsexamensstudiengänge) und Prüfungen anbelangt, zum Teil erhebliche Unterschiede. Das Gleiche gilt für die künftigen Berufsperspektiven.

Auch für die Fächer der Gruppe Pädagogik und Erziehungswissenschaften wird die Fähigkeit erwartet, sich in die Probleme anderer hineindenken und Sachverhalte vermitteln zu können, sowie Geduld und sicherer Umgang mit anderen Menschen.

Beim Lehramt an Schulen ist es neben der Begabung für die jeweiligen Schulfächer wichtig, eine natürliche pädagogische Veranlagung zu haben, sich allgemeinverständlich ausdrücken zu können und viel Geduld zu üben.

Pädagogen und Erziehungswissenschaftler arbeiten in erster Linie im staatlichen Schuldienst. Daneben sind sie in der Erwachsenenbildung und in Bildungseinrichtungen von Kirchen, Verbänden und Unternehmen, aber auch in der betrieblichen Weiterbildung tätig.

10. Informationswissenschaften

Die Informationswissenschaften beschäftigen sich damit, Informationen zu beschaffen, sie zu sammeln, zu verarbeiten und weiterzugeben. Diese Informationen werden dann entweder speziellen Benutzern zur Verfügung gestellt oder in den Medien (Zeitungen, Zeitschriften, Fernsehen, Hörfunk, Internet usw.) verbreitet. Zu dieser Gruppe gehören auch Fächer, die sich theoretisch mit der menschlichen Kommunikation beschäftigen. Die Informationswissenschaften stehen in engem Bezug zu einigen technischen Fächern, deren Methoden und Verfahren (z. B. Elektronik und Computer) sie für die Informationsverarbeitung und -verbreitung verwenden.

Die Gruppe umfasst folgende Einzelfächer:

- Buchwissenschaft

- Informations- und Bibliothekswissenschaft

- Computerlinguistik

- Dokumentation/Medizinische Dokumentation

- Journalistik
- Publizistik
- Kommunikationswissenschaft
- Medienwissenschaft

Das Studium dieser Fächer erfolgt an Universitäten; Ausnahmen sind die Studiengänge Dokumentation und Informations- und Bibliothekswissenschaft, die überwiegend an Fachhochschulen angeboten werden. Die universitären Studiengänge schließen in der Regel nach drei Jahren mit dem Bachelor of Arts (B. A.), nach weiteren zwei Jahren mit dem Master of Arts (M. A.) ab. Die Fachhochschulstudiengänge sehen für den Bachelor dreieinhalb Jahre und für einen anschließenden Master ein, eineinhalb oder zwei Jahre vor.

Bei den Informationswissenschaften sind folgende Dinge wichtig: gründliches Arbeiten, keine Angst vor Zahlen- und Datenmengen und sprachliche Ausdrucksfähigkeit. Außerdem spielen die modernen elektronischen Systeme eine immer größere Rolle bei der Beschaffung, Strukturierung, Auswertung und Weiterleitung von Daten und Informationen. Informatikkenntnisse sind deshalb unbedingt erforderlich.

Gute Journalisten und andere Medienspezialisten sollten Folgendes beherrschen: komplizierte Vorgänge verstehen, allgemeinverständlich schreiben, verlässlich recherchieren, notwendige Überzeugungsarbeit leisten und ihre Vorhaben durchsetzen. Das alles genügt aber noch nicht. Es gibt bekanntlich nichts Spannenderes als die Zeitung von morgen und nichts Langweiligeres als die von gestern. Besonders wichtig ist deshalb die Fähigkeit, unter Zeitdruck zu arbeiten.

Informationswissenschaftler findet man vor allem in den Medien, bei Zeitungen und Zeitschriften, beim Rundfunk und beim Fernsehen, in Pressebüros und Dokumentationsstellen von Unternehmen und Behörden.

11. Freie und Angewandte Kunst sowie Musik / Theater

In den Fächergruppen Freie und Angewandte Kunst sowie Musik / Theater, die jeweils aus einer Vielzahl einzelner Fächer bestehen, werden erstens künstlerisch hochbegabte Personen durch ein Hochschulstudium so weit ausgebildet, dass sie eigenständige künstlerische Arbeiten schaffen können (entweder freischaffend oder angestellt). Zweitens werden Personen ausgebildet, die als Pädagogen künstlerisch Begabte an speziellen Schulen fördern (z. B. an Musikschulen), und drittens Lehrer für Kunst oder Musik an allgemeinbildenden Schulen.

Zur Gruppe Freie und Angewandte Kunst zählen folgende Studiengänge:

- Bildhauerei
- Bühnenbild
- Bühnenkostüm
- Design (u. a. Grafikdesign, Industrial Design, Modedesign)
- Druck
- Fotografie
- Film
- Gestaltung / Gestaltungstechnik
- Glasgestaltung
- Goldschmiedekunst / Silberschmiedekunst
- Grafik
- Innenarchitektur
- Keramik
- Malerei
- Restaurierung
- Textilgestaltung
- Videokunst

Die Hochschulen für Musik / Theater bieten folgende Ausbildungsmöglichkeiten:

- Dirigieren
- Chor- und Orchesterleitung
- Instrumente und Gesang
- Kirchenmusik
- Komposition
- Musiktheorie
- Musikerziehung
- Oper (Solo- und Chorgesang)
- Regie (Oper und Schauspiel)
- Rhythmik
- Schauspiel

- Musical
- Szenisches Schreiben
- Tanz
- Tanzpädagogik für Berufs- und Laientanz
- Tonmeister

Ausgebildet wird an Fachhochschulen, Kunst- und Musikhochschulen sowie Hochschulen für Film und Fernsehen sowie für Schauspielkunst. Das Studium dauert etwa fünf bis sechs Jahre (Schauspiel vier Jahre). Mögliche Abschlüsse sind entweder ein Bachelor bzw. Master of Music (B. Mus. / M. Mus.) oder der Bachelor bzw. Master of Fine Arts (B.F.A.), das Diplom (seltener) oder eine künstlerische oder musikalische Reifeprüfung. Das Lehramtsstudium Kunst und Musik wird mit dem Bachelor und Master of Education (B.Ed. / M.Ed.) oder dem Staatsexamen abgeschlossen.

Die Voraussetzungen zum Studium bedürfen keiner besonderen Erläuterung, weil die Aufnahme in eines der Fächer eine umfangreiche Überprüfung der Begabung voraussetzt.

Die Absolventen der künstlerischen Hochschulen sind, je nach abgeschlossenem Studienfach, entweder als freischaffende Künstler oder in entsprechenden künstlerischen Engagements tätig. Ferner als Lehrer an allgemeinbildenden Schulen oder an Kunst- oder Musikschulen oder als angestellte Gestalter / Designer in Unternehmen.

12. Sport und Gesundheit

Zu dieser Fächergruppe gehören die Studiengänge Sport für das Lehramt an Schulen, die an der Deutschen Sporthochschule Köln, einer Reihe von Universitäten und an Pädagogischen Hochschulen studiert werden können. Die Studiengänge werden – je nach Bundesland – mit einem Bachelor und Master of Education (B.Ed. / M.Ed.) oder dem Staatsexamen abgeschlossen.

Hinzu kommen Sportstudiengänge, die für eine Tätigkeit in Vereinen, Verbänden, bei Sportartikelherstellern, in Tourismusunternehmen, in Gesundheits- und Rehabilitationseinrichtungen sowie in den Medien ausbilden. Hier ist der Abschluss in der Regel der Bachelor und Master of Arts (B.A. / M.A.).

Folgende Studiengänge stehen etwa zur Auswahl:

- Sportwissenschaft / Prävention
- Sportwissenschaft / Rehabilitation
- Sport, Erlebnis, Bewegung

- Sporttourismus
- Sport und Leistung
- Sportmanagement
- Sportpsychologie
- Sportpublizistik / Sportkommunikation

Die Studiengänge sind – bis auf Sportmanagement, das auch an Fachhochschulen angeboten wird – an den Universitäten angesiedelt.

Eine Ausweitung haben in den letzten Jahren die Gesundheitsstudiengänge Physiotherapie, Ergotherapie und Logopädie erfahren. Waren diese Ausbildungen früher erst einmal auf die Berufsfachschulen konzentriert und ein Studium dieser Fächer nur mit abgeschlossener Berufsfachschulausbildung möglich, können sie jetzt als duales Studium (Berufsfachschulausbildung und FH-Studium kombiniert) absolviert werden. In den ersten drei Jahren findet die Ausbildung an mit der Fachhochschule verbundenen Berufsfachschulen statt, parallel hierzu absolvieren die Studierenden spezielle Lehrveranstaltungen an der Fachhochschule. Nach diesen drei Jahren folgen zwei bis drei Semester reines Fachhochschulstudium.

Die richtigen Überlegungen anstellen: Die Wahl des Studienfaches

Eine wichtige Frage bei der Studienwahl lautet: Wie kann ich herausfinden, ob ich für das Studium generell geeignet bin, und wie finde ich das richtige Studienfach?

Wir beginnen diese Überlegungen mit einer Behauptung: Die wichtigsten Kriterien für ein erfolgreiches Studium sind Interesse und Begabung. Nur diejenigen, die für das gewählte Studienfach die erforderlichen fachlichen Voraussetzungen mitbringen, haben die Chance, das Studium zu schaffen. Es leuchtet ein, dass niemand ein Handwerk erlernen wird, der handwerklich nicht geschickt ist. Wenn es um ein Hochschulstudium geht, entscheiden sich viele angehende Studierende jedoch nicht nach Interesse und Begabung, sondern sie wählen bestimmte Studienfächer, weil sie gehört haben, dass diese gute Berufschancen oder hohe Verdienstmöglichkeiten bieten.

Abgesehen davon, dass niemand genau weiß, welche Studienfächer in fünf oder mehr Jahren auf dem Arbeitsmarkt gefragt sind, wie die Verdienstmöglichkeiten sich entwickeln und welche beruflichen Möglichkeiten die einzelnen Fächer dann eröffnen werden, gibt es handfeste Gründe, sich *nicht* an diesen Kriterien zu orientieren. Wer im Berufsleben das umsetzen kann, was er über mehrere Jahre im Studium mit

Spaß und Erfolg gelernt hat, wird sich leichter im Berufsleben zurechtfinden und auch berufliche Zufriedenheit erlangen. Wenn man selbst Spaß an einer Sache hat, motiviert man oft auch andere. Ein gutes Arbeitsklima ist häufig das Ergebnis davon, dass Leute mit Freude bei der Arbeit sind.

Hat man sich trotz fehlender Eignung und Begabung lange Jahre durch Studium und Examen gequält und mit viel Glück oder Beziehungen eine Arbeit gefunden, muss man sich im Beruf Tag für Tag Anforderungen stellen, die man im Studium schon kaum bewältigen konnte. Das Berufsleben macht dann keinen Spaß, auch wenn die Bezahlung gut ist. Unzufriedenheit im Beruf belastet nicht nur während der Arbeit, sondern auch in der Freizeit und im persönlichen Umfeld.

Diese missliche Lage wird verschlimmert durch den Umstand, dass ein Studium nur einige Jahre, das Berufsleben hingegen mehrere Jahrzehnte dauert. Kein Mensch kann solche Bedingungen auf Dauer durchhalten, ohne seelischen Schaden zu nehmen.

Es gibt, wie wir gesehen haben, etwa 180 verschiedene Studienfächer. Für das Studium sind, erst einmal unabhängig vom konkreten Studienfach, einige allgemeine Voraussetzungen zu erfüllen; für das jeweilige Studienfach benötigt man wiederum besondere Begabung, Interesse und Kenntnisse, z. B. Fremdsprachenkenntnisse.

Allgemeine Voraussetzung für ein Studium, dies gilt für jedes Studienfach, ist die Fähigkeit, logisch und rational zu denken. Zur Bewältigung eines Studiums gehört ferner, sich mehrere Jahre intensiv mit den verschiedenen Themen des Faches zu beschäftigen, auch mit solchen, die man weniger interessant oder wichtig findet. Dies setzt die Fähigkeit zu ausdauerndem Arbeiten voraus.

Eine weitere wichtige Voraussetzung ist der sichere Umgang mit Sprache. Gedankliche und sprachliche Ausdrucksfähigkeit wird von allen künftigen Akademikern erwartet. Mit sprachlicher Ausdrucksfähigkeit ist erst einmal gemeint, dass man die eigene Sprache beherrscht. Je nach Standpunkt mag das für die einen revolutionär, für die anderen altmodisch klingen. Deshalb präzisieren wir die Aussage: Beherrschen der Muttersprache heißt, die wichtigsten Rechtschreib- und Grammatikregeln zu kennen; zu wissen, nach welchen Prinzipien Sätze und Texte aufgebaut werden und wie man sich verständlich ausdrückt. Dies gilt für die gesprochene und die geschriebene Sprache. Es gibt kein Studienfach, egal ob an Universitäten oder an Fachhochschulen, bei dem man auf einen dieser Punkte verzichten könnte. Deshalb ist gutes Deutsch eine Voraussetzung für alle Studienfächer.

Wer sein Abitur oder die Fachhochschulreife an einer Schule bestanden hat, an der auf diese Dinge weniger Wert gelegt wurde, wird im Studium wahrscheinlich sehr bald die Erfahrung machen, dass Texte, die schwere sprachliche Fehler und Regelverstöße aufweisen, nicht nur – wie an der Schule – mit einem Notenabzug geahndet werden, sondern im ungünstigsten Fall als nicht bestanden bewertet oder (im günstigsten Fall) zur sprachlichen und gedanklichen Überarbeitung zurückgegeben werden. Nach einer solchen Erfahrung bleibt einem nichts anderes übrig, als sich im Schnellverfahren mit den wichtigsten Regeln der deutschen Sprache vertraut zu machen.

Während die Bedeutung des Beherrschens der Muttersprache als Voraussetzung zum Studium häufig unterschätzt wird, wird die Rolle von Fremdsprachenkenntnissen zumeist überbewertet. Richtig ist, dass Englisch eigentlich kaum noch als Fremdsprache gilt, sondern in fast jedem Studienfach eine wichtige Rolle spielt, weil entweder viele Fachausdrücke aus dem Englischen stammen oder weil ein Teil der Literatur zu Themen des Faches in englischer Sprache geschrieben ist. Dies gilt vor allem für englischsprachige Fachbücher, von denen die wenigsten in deutscher Übersetzung vorliegen. Die Englischkenntnisse, die man an der Schule erworben hat, reichen in aller Regel als Grundlage aus, um darauf den Fachwortschatz aufzubauen.

Die Kenntnis weiterer europäischer Fremdsprachen, z. B. Französisch oder Spanisch, erleichtert den Einstieg in das eine oder andere Studienfach, ist aber, abgesehen vom direkten Studium dieser Fächer, für den Studienerfolg nicht entscheidend. Fast jede Hochschule bietet außerdem die Möglichkeit, solche Sprachen in kostenlosen Kursen zu erlernen.

Wer glaubt, Latein sei mittlerweile völlig unnötig, irrt sich. Für viele sprach-, literatur- und kulturwissenschaftliche Fächer werden Kenntnisse des Lateinischen benötigt, da viele europäische Sprachen vom Lateinischen stark beeinflusst wurden und ein Verständnis von Geschichte und Kultur nicht ohne Kenntnis der antiken Welt möglich ist. Eine Reihe von Hochschulen verlangt für diese Fächer das Latinum oder eine ähnliche Sprachprüfung. Auch bei Fächern wie Rechtswissenschaft, Pharmazie, Medizin, Biologie u. Ä. leuchtet es ein, dass Grundkenntnisse des Lateinischen sinnvoll sind, um die Fachausdrücke verstehen zu können. Hierfür werden aber auch Kurse zum Verständnis der wichtigsten (lateinischen) Fachtermini angeboten.

Es gibt einzelne Fächer, bei denen man umfangreiche Lateinkenntnisse im Studium benötigt. Hierzu gehören neben dem Studium der Klassischen Philologie Fächer wie Geschichte, Archäologie, Romanische Sprachen und Theologie. Wer über die geforderten Lateinkenntnisse beim Studienbeginn nicht verfügt, hat die Möglichkeit, in Schnellkursen Versäumtes (mit allerdings recht viel Arbeitsaufwand) nachzuholen.

Nicht vorausgesetzt wird hingegen, dass beim Studium von Sprachen, die nicht überall ein Schulfach sind, bei Studienbeginn die entsprechenden Fremdsprachenkenntnisse vorhanden sind. Wer Russisch, Japanisch oder Portugiesisch studieren will, beginnt im ersten Semester mit entsprechenden Anfängerkursen.

Neben den genannten allgemeinen Voraussetzungen zum Studium werden besondere Begabungen für einzelne Studienfächer erwartet. Bei Fächern wie Kunst, Musik oder Sport leuchtet dies direkt ein. Aus diesem Grund verlangen Hochschulen für Sport, Kunst und Musik einen entsprechenden Nachweis der besonderen Eignung für das jeweilige Studienfach. Hiermit soll verhindert werden, dass sich Abiturienten in falscher Einschätzung ihrer Begabung und Interessen in Studienfächer verirren, für die sie nicht optimal geeignet sind. Gelegentlich gibt es sicherlich das eine oder andere unerkannte Genie, das an der Aufnahmeprüfung scheitert. Aus diesem Grund wird allen, die sich nach reiflicher Überlegung und auch nach Einholung von anderen Meinungen (Fremdeinschätzung) für eines der genannten Studienfächer geeignet fühlen, nahegelegt, es auch noch bei anderen Hochschulen zu versuchen.

Trotzdem bleibt besondere Vorsicht bei der Fächerwahl geboten. Für viele Studiengänge überprüft niemand, wer für das Studium generell und den gewählten Studiengang geeignet ist. Bedenken Sie diesen Sachverhalt genau: Niemand überprüft Ihre Entscheidung oder, falls andere Ihnen die Entscheidung abgenommen haben, deren Einschätzung. Vorausgesetzt Sie haben eine gute Abiturdurchschnittsnote, können Sie in einer Vielzahl von Fächern ein Studium aufnehmen, ohne dass irgendjemand Sie irgendwann einmal fragen würde, ob Sie hierfür auch geeignet sind. Selbst mit einem schlechten Abitur können Sie sich in viele Studienfächer ohne jede Beschränkung einschreiben.

Wenn Sie bei der Studienwahl die falsche Entscheidung getroffen haben, tragen Sie das alleinige Risiko. Jeder Berufsberater und jeder Hochschullehrer würde sich den Hinweis auf eine Mitschuld verbitten. Sie entscheiden und tragen die uneingeschränkte Verantwortung.

Im Info-Dschungel: Diese Informationsquellen sollte man nutzen

Die Informationsflut, die auf künftige Abiturienten einströmt, ist groß. Man muss also zunächst einmal aus der Fülle von Informations- und Beratungsmöglichkeiten die für die eigene Entscheidung wichtigen und richtigen herausfinden.

Die Auskünfte, die von allen möglichen Seiten gegeben werden, sind überaus vielfältig und häufig sehr widersprüchlich. Versucht man nun, sich die richtigen Informationen zu beschaffen, kommt man sich oft so vor, als ob man in einem schwer durchdringbaren Dschungel den Weg sucht. Von Eltern, Lehrern, Bekannten und Freunden wird man mit wohlgemeinten Ratschlägen überschüttet, ob man studieren soll oder nicht und welches Studienfach das richtige sei. Von Unternehmen, von der Arbeitsagentur und von den Hochschulen erhält man interessante, aber häufig schwer verständliche oder sehr umfangreiche Broschüren und Informationshefte. Und wer schon mal eine Hochschule aufgesucht hat, weiß, wie viele verschiedene Informations- und Beratungsmöglichkeiten es dort gibt.

Aus diesem großen, unübersichtlichen Angebot ergeben sich häufig Irritationen, die zu einer falschen oder vorschnellen Entscheidung führen können. Viele Probleme im Studium haben ihre Ursache in ungenügenden oder falschen Informationen vor dem Studium. Die Tatsache, dass etwa 25 bis 30 Prozent aller Studierenden in den ersten Semestern das Studienfach wechseln oder das Studium abbrechen, ist ein Beweis, dass sie entweder nicht ausreichend oder falsch informiert wurden.

Daher möchten wir Ihnen Tipps zu folgenden Fragen geben: Welche Informationsmöglichkeiten gibt es? Welche Informationen werden überhaupt benötigt? Wo sind diese Informationen erhältlich?

Die folgende Übersicht über die verschiedenen Informations- und Beratungsmöglichkeiten soll als Wegweiser für die anschließenden Erläuterungen dienen; lassen Sie sich also nicht abschrecken, wenn Sie mit den meisten Begriffen erst noch nichts anfangen können.

Informationsmöglichkeiten über das Studium

1. Bundesagentur für Arbeit

- Berufsberatung (ca. ein bis eineinhalb Jahre vor der beruflichen Ausbildung oder dem Studienbeginn)
- Berufsinformationszentrum (abgekürzt BiZ, spezielle Einrichtung der Arbeitsagentur für die Berufswahl) als erste Orientierung

2. Hochschule

- Zentrale Studienberatung (ZSB, Informationsstelle für alle Studienfragen)
- Fachstudienberatung (Informationen über spezielle Fragen zu einem bestimmten Studienfach)
- Studentische Beratung (Informationen von Student zu Student)

- Studentenwerk (Mensa, Wohnheime, Zimmersuche)
- Amt für Ausbildungsförderung (BAföG)
- Studentensekretariat (Bewerbung, Einschreibung etc.)
- Behindertenberatung

3. Schriftliche Informationsquellen

- *Studien- und Berufswahl* (wird kostenlos in der vorletzten Jahrgangsstufe in den Schulen verteilt)
- *abi* (liegt in der Schule oder der Arbeitsagentur aus oder kann unter *www.abi.de* eingesehen werden)
- Fachstudienführer (im Buchhandel erhältlich)
- Vorlesungsverzeichnis (bei der Zentralen Studienberatung der Hochschule und im Buchhandel der Stadt erhältlich oder auf der Hochschul-Homepage einsehbar)
- Studien- und Prüfungsordnungen (in der Regel auf der Homepage der jeweiligen Hochschule einsehbar, sonst in der Zentralen Studienberatung oder der Fachstudienberatung erhältlich)

4. Recherche im Internet

- *www.studienwahl.de* oder *www.hochschulkompass.de* (Datenbanken zur Suche nach Studiengängen)
- *www.abi.de*
- Homepage der Hochschule (siehe auch S. 171)

Welche Informationen bekomme ich woher?

Die Bundesagentur für Arbeit, die es in jeder größeren Stadt gibt, hat eine Beratungsstelle für Abiturienten und Fachoberschüler. Dort erhält man im persönlichen Gespräch Informationen über die Möglichkeiten nach dem Abitur oder nach dem Fachabitur. In den größeren Städten verfügen die Agenturen über Berufsinformationszentren, Abkürzung BiZ. Dort kann man sich selbstständig anhand von vielfältigen Unterlagen und Materialien über Ausbildungs- und Berufsmöglichkeiten informieren.

Wichtige Informationen enthält die Publikation *Studien- und Berufswahl*, die von den Arbeitsagenturen in der vorletzten Jahrgangsstufe kostenlos an alle künftigen Abiturienten verteilt wird. Wer dieses Buch derzeit noch nicht hat, findet es in der Schulbücherei oder bekommt es bei der Arbeitsagentur. *Studien- und Berufswahl* enthält auf fast 650 Seiten eine Fülle von Informationen zum Studium und zu allen Ausbildungs-möglichkeiten außerhalb der Hochschule.

Hilfreich sind auch die Informationen in den *abi*-Heften, die in jeder Schule und Arbeitsagentur ausliegen und auch über *www.abi.de* eingesehen werden können.

Von Nutzen können auch sogenannte Fachstudienführer sein. Dabei handelt es sich um Informationsschriften zu einem Studienfach (z. B. Germanistik oder Umwelt-wissenschaften) oder zu mehreren Studienfächern, die zu einer gemeinsamen Fächer-gruppe gehören (beispielsweise Ingenieurwissenschaften, Sprach- und Kulturwissen-schaften). Die Bücher enthalten Informationen darüber, an welchen Hochschulen dieses Fach oder diese Fächergruppe studiert werden kann, welche Inhalte das Fach hat, wie es aufgebaut ist, welche Schwerpunkte es an den einzelnen Hochschulen hat, welche Abschlüsse möglich sind und welche beruflichen Möglichkeiten es eröffnet. Es gibt praktisch zu jedem Fach einen Fachstudienführer. Jede gute Buchhandlung ist in der Lage, über Fachstudienführer zu informieren und sie zu bestellen. Fachstudien-führer, die zwischen 10 und 20 Euro kosten, sollte man sich aber erst dann anschaffen, wenn man sich bereits grob für ein Studienfach entschieden hat oder wenn man ein Fach in die engere Auswahl gezogen hat.

Die Hochschulen haben verschiedene Beratungs- und Informationseinrichtungen, die aber meistens nur über die eigene Hochschule und in aller Regel nicht über andere Hochschulen informieren.

Die erste Anlaufstelle für Studienanfänger ist die Zentrale Studienberatung einer Hochschule, mancherorts Allgemeine Studienberatung genannt. Die Zentrale Stu-dienberatung, ZSB abgekürzt, gibt einen Überblick zu allen Fragen des Studiums an dieser Hochschule in Form von telefonischen Auskünften, schriftlichen Materialien, persönlichen Beratungen und Gruppenveranstaltungen. Sie hilft Studieninteressen-ten bei der Wahl des richtigen Faches, Studierenden bei studienbedingten Problemen und Examinierten beim Berufseinstieg.

Bei der Studienberatung sind auch *Studien- und Prüfungsordnungen* für die einzel-nen Fächer erhältlich, wenn sie nicht auf der Homepage der jeweiligen Hochschule zu finden sind. Sie enthalten Informationen, welche Lehrveranstaltungen man in den jeweiligen Semestern oder Ausbildungsabschnitten in einem Studiengang besuchen muss, mit welchem Leistungsnachweis die jeweilige Lehrveranstaltung abschließt, ob es eine Zwischenprüfung gibt, welche Anforderungen sie stellt und wie die Bedingun-gen für das Abschlussexamen sind.

Die ZSB gibt auch Informationen über Einführungsveranstaltungen für Erst-semester.

Die zweite wichtige Beratungsstelle an der Hochschule ist die Fachstudienberatung. Sie hat die Aufgabe, spezielle Fragen zu einem Fach oder zu einer Fächergruppe zu beantworten. Die Fachstudienberater, die zumeist Hochschullehrer sind, helfen bei der Erstellung eines Studienplans, der Wahl der Lehrveranstaltungen und informieren über den Ablauf von Einzel- und Abschlussprüfungen.

Die Adressen der Fachstudienberater stehen auf der Hochschul-Website oder können bei den Zentralen Studienberatungsstellen erfragt werden.

Zuweilen sind hier auch Tutoren tätig, das sind Studierende, die den Studienanfängern bei der Erstellung des Stundenplans und bei der Orientierung in den ersten Wochen des Studiums behilflich sind.

Des Weiteren gibt es die studentische Beratung. Hier unterscheidet man zwischen der Ebene des Faches (Fachschaften) und der Ebene der Gesamtheit der Studierenden (Studentenparlament, Allgemeiner Studentenausschuss, abgekürzt AStA). Die Studierenden, die ja vor dem Studium die gleichen Probleme mit der richtigen Studienwahl hatten, sind gerne bereit, die künftigen Mitstudenten (Kommilitonen) mit Rat und Tat zu unterstützen. Sie helfen bei der Erstellung des Stundenplans und organisieren Einführungsveranstaltungen zum Kennenlernen.

Eine weitere Einrichtung der Hochschule ist das Studentenwerk. Es ist für alle sozialen Belange der Studierenden zuständig, wie z. B. für Unterkunft (Studentenwohnheimplätze, Vermittlung von Zimmern auf dem freien Wohnungsmarkt) und Verpflegung (Mensen, Cafeterien) oder für Studierende mit Kindern. In jedem Studentenwerk ist auch das Amt für Ausbildungsförderung angesiedelt. Dort sind Informationen über die Studienfinanzierung erhältlich, und dort wird auch der Antrag auf Ausbildungsförderung (BAföG) gestellt.

Das Studentensekretariat der Hochschule ist zuständig für alle Fragen der Bewerbung, Zulassung, Einschreibung (Immatrikulation), Ausschreibung (Exmatrikulation), Fachwechsel, Ortswechsel, Beurlaubung und für die begehrten Studentenausweise.

Für Behinderte gibt es an jeder Hochschule Behindertenbeauftragte, die in allen Fragen des behindertengerechten Studiums helfen. Ihre Adressen stehen in der Regel auf der Hochschul-Website.

Bei der Information via Internet sind vor allem die Datenbanken mit den angebotenen Studiengängen in Deutschland unter *www.studienwahl.de* und *www.hochschulkom-*

pass.de wichtig. Beide Websites geben auch viele andere nützliche Tipps rund ums Studium.

abi, eine Publikation, die viele wertvolle Artikel zur Studien- und Berufswahl enthält, liegt mittlerweile nicht nur an den Schulen und Hochschulen aus, sondern ist auch über *www.abi.de* online einsehbar. Auch kann hier in älteren Ausgaben nach studiengangsbezogenen Informationen gesucht werden.

HINWEIS

Hat man eine oder mehrere Hochschulen ins Auge gefasst, sollte man über die Homepage der Hochschule so viel wie möglich über den anvisierten Studiengang in Erfahrung bringen: die Beschreibung des Studiengangs (Dauer, mögliche Schwerpunktsetzungen, verliehener Bachelorgrad) durchlesen, herausfinden, ob der Studiengang zulassungsbeschränkt ist oder nicht und was man bei der Bewerbung für den Studienplatz zu beachten hat. Die Homepage der jeweiligen Hochschule finden Sie ab S. 171.

Fast so wichtig wie die Fächerwahl: Die Wahl des Studienorts

Es ist nicht nur wichtig, für welches Fach und für welchen Studiengang man sich entscheidet, sondern auch, für welchen Studienort. Wenn wir vom Fall des Numerus clausus absehen, haben wir auch bei der Wahl des Studienortes die Qual der Wahl.

Die Wichtigkeit dieser Entscheidung wird immer noch unterschätzt, obwohl es inzwischen hinreichend bekannt ist, dass z. B. die Studienbedingungen von Ort zu Ort sehr unterschiedlich sein können – und damit auch die Erfolgsaussichten.

Nicht jeder hat jedoch die Möglichkeit und Zeit, alle Hochschulorte, die das Wunschfach anbieten, selbst genau unter die Lupe zu nehmen. Deshalb braucht man einige Anhaltspunkte, wie man den geeigneten Hochschulort herausfinden kann.

Drei Kriterien sollte man bei der Wahl des Hochschulortes berücksichtigen: Erstens fachliche, zweitens hochschulbezogene und drittens ortsspezifische Kriterien.

Fachliche Kriterien sind:

- Umfang des Lehrangebotes im jeweiligen Fach
- Nebenfachmöglichkeiten
- Schwerpunkte des Faches
- Ausrichtung des Faches
- Relation zwischen Lehrenden und Lernenden in diesem Fach
- Umfang der Fachbibliothek und der anderen wissenschaftlichen Einrichtungen
- Qualifikation und Ruf der Hochschullehrer

Hochschulbezogene Kriterien können sein:

- Größe und Ruf der Hochschule
- Umfang der wissenschaftlichen Einrichtungen
- Anzahl der Studierenden
- Betreuungseinrichtungen für Studierende
- Art und Umfang der studentischen Einrichtungen
- Zahl der studentischen Wohnheimplätze
- kulturelle Angebote der Hochschule

Mögliche ortsspezifische Kriterien bei der Entscheidung können sein:

- Größe und Lage der Stadt
- Höhe der Mieten am Hochschulort
- Lebenshaltungskosten in der Region
- Möglichkeiten zum gelegentlichen Jobben
- Mentalität der Menschen am Hochschulort
- Freizeitmöglichkeiten und Kulturangebote
- Verkehrsanbindung und Nahverkehrspreise
- Entfernung der Hochschule von der Stadt

Wo kann man all diese Informationen erhalten? Die fachlichen und hochschulbezogenen Fragen kann man mithilfe der Zentralen Studienberatungsstellen der Hochschulen (siehe Homepage der jeweiligen Hochschule) klären, die ortsspezifischen entweder über die Homepage oder über die Informationsämter der Städte. Dennoch sollen hier einige generelle Anmerkungen nicht fehlen.

Bei den Universitäten unterscheiden wir zwei Arten: die traditionellen alten und die neuen Universitäten. Dies ist an und für sich nichts Besonderes, ist aber für die Studienatmosphäre und für die Örtlichkeiten von Bedeutung. Die alten Universitäten befinden sich im Innenstadtbereich, die Einrichtungen (Hauptgebäude, Seminare, Institute, Bibliotheken, Mensen, studentische Einrichtungen) sind aber häufig über die ganze Stadt verstreut, sodass lange An- und Abfahrtswege von einem Gebäude zum anderen die Regel sind.

Die neueren Universitäten, als Campus-Universitäten angelegt, befinden sich als geschlossener Komplex am Rande oder außerhalb der Stadt. Alle Einrichtungen einschließlich vieler Wohnheime befinden sich an einem Ort. Bei diesen Universitäten erspart man sich lange An- und Abfahrtswege. Auf der anderen Seite vermisst man aber zuweilen das studentische Leben in der Stadt mit seinen vielfältigen Angeboten.

Wer alles an einem Platz haben und sich durch das studentische Leben nicht allzu sehr vom Studium ablenken lassen möchte und auch keine prinzipiellen Einwände gegen moderne Architektur hat, wird sich an einer Campus-Universität schnell wohlfühlen.

Wer jedoch sein Studium in historischen Gebäuden aufnehmen möchte und bereit ist, längere Wege in Kauf zu nehmen, wird die bessere Studienatmosphäre eher an einer der alten Universitäten finden.

Bei den anderen Hochschulen ist diese Fragestellung weniger relevant. Sie sind zumeist ein geschlossener Komplex in oder am Rande der Stadt.

Die Wahl des Hochschulortes muss, ebenso wie die Wahl des Studienfaches, nicht endgültig sein. So wie es die Möglichkeit gibt, das Studienfach zu wechseln, gibt es die Option des Hochschulwechsels. Der beste Zeitpunkt dafür ist nach dem Bachelor. Denn für die Aufnahme in einen Masterstudiengang an einem anderen Ort sind in der Regel alle Fragen, die die Anrechnung von bisherigen Studienleistungen anbetreffen, geklärt. Beim Wechsel von einem Bachelorstudiengang in den einer anderen Hochschule ist die Klärung dieser Fragen – vor allem wegen des modularen Aufbaus (siehe hierzu S. 51 f.) – sehr schwierig. Gelingt es dennoch, schreibt man sich aus der Liste der Studierenden an der alten Hochschule aus (Exmatrikulation) und schreibt sich anschließend an der neuen Hochschule ein (Immatrikulation).

In einigen wenigen Fächern ist ein Wechsel überhaupt nicht möglich, weil es Zulassungsbeschränkungen in höheren Semestern gibt. In einem solchen Fall versucht man, einen Tauschpartner zu finden, der exakt den umgekehrten Wechsel machen will. Dafür stehen im Internet Studienplatztauschbörsen bereit.

Nur bedingt verwendbar: Hochschul-Rankings

Mit dem Ruf der Hochschule ist es wie mit dem privaten Ruf: Vieles ist subjektive Einschätzung oder Gerücht. Hochschulen sind nämlich nur schwer miteinander vergleichbar. Wenn überhaupt, dann nur in einzelnen Fächern oder in bestimmten Bereichen, z. B. hinsichtlich der Forschungsleistungen oder der Betreuung der Studierenden.

Es gibt mittlerweile eine Menge Befragungen über den Ruf der Hochschulen oder der einzelnen Fächer, in der Fachsprache spricht man von Ranking; allerdings gibt es in Deutschland kein anerkanntes und unumstrittenes System, um die Qualität einer Hochschule klar zu ermitteln.

Rankings basieren, dies sollte man wissen, um ihren Wert einschätzen zu können, auf drei Systemen:

1. Man befragt Studierende, wie sie die Qualität ihrer Ausbildung einschätzen, ob genügend Bücher in den Bibliotheken vorhanden sind usw.

2. Man befragt andere Personen, was sie von einer bestimmten Hochschule oder einem Fach dort halten. Die Befragten sind bevorzugt Professoren, Personalchefs und Manager.

3. Man bewertet Hochschulen und Fächer nach folgenden Kriterien: wie viele Studierende auf wie vielen Studienplätzen studieren, wie das Zahlenverhältnis Studierende und Dozenten ist, wie viel die Professoren wissenschaftlich veröffentlicht haben, nach wie viel Semestern das Examen im Durchschnitt geschafft wird, wie viel Prozent der Studierenden an eine andere Hochschule wechseln, wie viel Geld an der Hochschule etwa für die Forschung zur Verfügung steht und wie viele Hochschullehrer mit Preisen ausgezeichnet wurden.

So ist es kein Zufall, dass, je nachdem, welches System angewendet wurde, die Rankings recht unterschiedliche Ergebnisse zeigen. Mal befindet sich eine Hochschule an der Spitze, beim nächsten Mal sieht sie sich am unteren Ende. Das Gleiche gilt für Vergleiche der Fächer.

Rankings haben noch weitere Schwächen. Sie verfügen manchmal nur über eine schmale Basis an Befragten, die sich zudem meist nur sehr subjektiv (aus Kenntnis der Verhältnisse an einer Hochschule oder in einem Fach) äußern können. Wenn man einen Personalchef fragt, welches Fach besonders gut ist und welche Absolventen er bevorzugt einstellt, wird er in aller Regel sein Fach und die Hochschule nennen, an der er studiert hat. Und die Anzahl der Veröffentlichungen eines Hochschullehrers sagt in der Regel nicht viel aus über die Qualität des Geschriebenen und über die pädagogischen Fähigkeiten.

Nichts gegen Rankings, aber sie sind eine Orientierung und ein Kriterium unter vielen. Wählen Sie deshalb den Hochschulort nicht nur anhand von Rankings in Magazinen aus, sondern auch nach anderen Überlegungen. Sehen Sie sich die Verhältnisse vor Ort genau an und bilden Sie sich Ihre eigene Meinung.

Der optimale Fahrplan ins Studium

Anfang Stufe 11 / 2 **(bei G 9 in 12 / 2)**	• Entscheidung über Berufsausbildung (Lehre, duales Studium usw.) oder Studium Falls Berufsausbildung: Den passenden Ausbildungsberuf herausfinden und mit der Bewerbung unverzüglich beginnen
Im Laufe von Stufe 12 / 1 **(bei G 9 in 13 / 1)**	• Zielfächer einkreisen • *Studien- und Berufswahl* durcharbeiten • Fachstudienführer besorgen • mehrere Studienberatungen um Informationsmaterial anschreiben oder auf der Homepage von Hochschulen recherchieren
April	• Studienberatung(en) aufsuchen, Studien- und Prüfungsordnungen beschaffen, sofern die nicht auf der Homepage der Hochschule zu finden sind • Gespräch mit Studierenden suchen • vor Ort umschauen

Mai / Juni	• Entscheidung für Studienfach treffen • Anspruch auf BAföG prüfen • Wahl des Studienorts treffen
31. Mai bis 15. Juli	• Bewerbung bei *hochschulstart.de* oder der Hochschule • Bewerbung für einen Studentenwohnheimplatz
August / September	• Zulassungs- oder Ablehnungsbescheid
Anschließend	• Einschreibung • Vorlesungsverzeichnis auf der Hochschul-Website einsehen oder beschaffen • Kommentiertes Vorlesungsverzeichnis auf der Hochschul-Website einsehen oder beschaffen • Fachstudienberater aufsuchen • Stundenplan erstellen • Einführungsveranstaltungen besuchen • sich mit den Örtlichkeiten vertraut machen • ggf. BAföG-Antrag stellen
1. September	• Studienbeginn an den Fachhochschulen (Lehrveranstaltungen beginnen ungefähr zwei Wochen später)
1. Oktober	• Studienbeginn an den Universitäten (Lehrveranstaltungen beginnen ungefähr zwei Wochen später)

Wie komme ich an den Ausbildungs- oder Studienplatz?

Bewerbung um einen Ausbildungsplatz

Wenn Sie zu dem Ergebnis gekommen sind, dass Sie eine Lehre anstreben oder vor der Entscheidung über ein mögliches Studium erst einmal eine Berufsausbildung machen wollen, möchten wir Ihnen nachfolgend einige wichtige Informationen zur Bewerbung um einen Ausbildungsplatz geben.

Wichtig ist, sich rechtzeitig für einen Ausbildungsplatz zu bewerben. Die Verträge werden üblicherweise ein Jahr vor Ausbildungsbeginn (1. August / 1. September eines Jahres), also im Sommer bis Herbst des Vorjahres, abgeschlossen. Bewerben Sie sich also für einen Ausbildungsplatz Mitte bis Ende der Jahrgangsstufe 11 / 2 (bei G 9 in Stufe 12 / 2).

Die Bewerbung besteht aus einem frei formulierten Anschreiben an den potenziellen Ausbildungsbetrieb, in dem Sie vor allem Ihre Begabung und Motivation für die gewählte Ausbildung und das Interesse an dem speziellen Ausbildungsbetrieb deutlich zum Ausdruck bringen.

Weitere Bestandteile der Bewerbungsunterlagen sind ein tabellarischer Lebenslauf und das letzte Zeugnis in Kopie.

Hinzufügen können Sie auch Referenzen, d. h. Schreiben von Personen, die diese Bewerbung unterstützen und die dem Ausbildungsbetrieb im besten Fall bekannt sind. Von einem Referenzschreiben sollten Sie aber nur dann Gebrauch machen, wenn diese Person Sie gut beurteilen kann und die notwendige Distanz hat (kein Referenzschreiben von Eltern, Freunden und Verwandten beifügen). Dies könnte beispielsweise ein Lehrer, ein Mitarbeiter des Unternehmens, bei dem Sie sich bewerben, oder (bei Bewerbungen um einen Ausbildungsplatz für einen sozialen Beruf) der Pfarrer der Gemeinde sein.

Wenn Sie ehrenamtlich tätig sind, z. B. bei der freiwilligen Feuerwehr, im Umweltschutz oder in der Kirche, dann sollten Sie dies im Anschreiben entsprechend vermerken und eine entsprechende Bescheinigung über dieses Engagement den Bewerbungsunterlagen beifügen, da es für solche Aktivitäten üblicherweise Pluspunkte gibt. Noch ein paar Informationen zu den Formalien: Schreiben Sie die Bewerbung auf Ihrem Computer mit üblicher 11- oder 12-Punkt-Schrift mit gängigen Schrifttypen. Verwenden Sie keine ausgefallenen Schriften. Der Zeilenabstand sollte 1- oder 1,5-zeilig sein. Die Adresse sollte (außer Ihrem Namen, Vornamen, Straße, Hausnummer, PLZ, Ort) auch Ihre Telefonnummer und E-Mail-Adresse enthalten. Die Telefonnummer oder die E-Mail-Adresse anzugeben ist wichtig, denn falls Rückfragen zu Ihrer Bewerbung bestehen oder man weitere Unterlagen benötigt, kann dies schnell erfolgen, und die Unterlagen müssen nicht vom Betrieb mit einem Schreiben angefordert werden.

Ihre Unterlagen schicken Sie bitte nicht als Loseblattsammlung an den gewünschten Ausbildungsbetrieb, sondern besorgen Sie sich eine sogenannte Bewerbungsmappe, die Sie in jedem Schreibwarengeschäft bekommen.

Zur Bewerbung gehört ein Foto in Passbildgröße oder größer. Dieses sollten Sie nicht in einem Passbildautomaten machen lassen, sondern beim Fotografen. Erwartet wird ein Porträtfoto von Kopf bis etwa Brust. Ein Foto, das Sie in voller Leibesgröße zeigt, ist bei einer Bewerbung nicht üblich. Achten Sie bitte auch darauf, dass Sie auf diesem Foto ansprechend und seriös gekleidet sind. (Wird eine digitale Bewerbung via E-Mail verlangt, stellt Ihnen der Fotograf das Bewerbungsbild auch als Bilddatei zur Verfügung.)

Nachfolgend zeigen wir Ihnen einige Musterschreiben für kaufmännische Ausbildungsberufe, naturwissenschaftliche Ausbildungsberufe, handwerklich-technische Ausbildungsberufe und Ausbildungen im Bereich Medizin und Gesundheit.

Diese Muster sollen Ihnen deutlich machen, wie ein solches Anschreiben inhaltlich aufgebaut sein kann und welche Informationen hineingehören.

Bewerbung für einen Ausbildungsplatz in einem kaufmännischen Beruf

Sehr geehrte Frau Müller,

an dem Ausbildungsplatz »Kauffrau für [Ausrichtung der Ausbildung]«, den Sie zu vergeben haben, habe ich sehr großes Interesse und möchte mich Ihnen deshalb kurz vorstellen: Ich bin 17 Jahre alt und werde im nächsten Frühjahr mein Abitur ablegen. Ich hoffe, dass meine Abiturdurchschnittsnote im Bereich von etwa 2,0 bis 2,3 liegen wird. Meine Lieblingsfächer in der Schule sind Deutsch, Englisch und Wirtschaft sowie – mit leichtem Abstand – Mathematik und Sport.

Meine Eltern betreiben ein Einzelhandelsgeschäft für Bekleidung. So konnte ich schon früh Einblick gewinnen in die Funktionsweise eines Betriebes und die damit zusammenhängende Finanzierung und Organisation. Im Moment ist noch offen, ob ich den Betrieb meiner Eltern später einmal übernehme. In jedem Fall möchte ich nach der Ausbildung etliche Jahre in diesem Beruf arbeiten.

Ich habe Spaß an Organisation, an Zahlen, am gründlichen und praktischen Arbeiten. Mir macht es Freude, im Team zu arbeiten, ich bin belastbar und in der Lage, die an mich gestellten Aufgaben schnell und umsichtig zu lösen.
Ich bin offen für neue Dinge und schätze mich als kundenorientiert ein.

Im Schulfach Wirtschaft hatte ich die Möglichkeit, die Grundzüge der Betriebswirtschaftslehre und der Volkswirtschaftslehre bereits kennenzulernen.

Ich bewerbe mich aus mehreren Gründen bei Ihrem Unternehmen. Zum einen ist mir Ihre Firma bekannt als führendes Unternehmen hier am Ort. Von einer Freundin weiß ich, dass Sie der Ausbildung junger Menschen eine hohe Bedeutung beimessen. Ich bewerbe mich auch deshalb bei Ihrem Unternehmen, weil es, wie ich im Internet gesehen habe, viele verschiedene Sparten hat, die Auszubildenden die Möglichkeit geben, sich breit ausbilden zu lassen und vertiefte Einblicke in die Abläufe eines Unternehmens zu bekommen.

Wenn ich mich selbst charakterisieren müsste, so halte ich mich für engagiert und interessiert an allen Abteilungen eines Betriebes, belastbar und in jedem Fall wissbegierig. Meine Hobbys sind klassische Musik und Fahrrad fahren.

Ich würde mich sehr freuen, wenn Sie mir die Möglichkeit eines persönlichen Gesprächs geben würden.

Mit freundlichen Grüßen

Kathrin Kaufmann

Bewerbung für eine Ausbildung im Bereich der Naturwissenschaften

Sehr geehrter Herr Meier,

sehr gerne würde ich in Ihrem Unternhemen zur Biologisch-technischen Assistenin aus-gebildet werden und stelle mich Ihnen deshalb kurz vor: Ich bin 17 Jahre alt und werde nächstes Jahr mein Abitur am Friedrich-Schiller-Gymnasium hier am Ort ablegen. Als Leistungskurse habe ich Biologie und Chemie, weitere Abiturfächer sind Englisch und Mathematik. Ich erhoffe mir ein Abitur im Bereich der Note »gut«.

Ich habe mich für eine Berufsausbildung entschieden, weil ich nicht fünf oder sechs Jahre studieren, sondern in einem überschaubaren Zeitraum von zwei bis drei Jahren eine Berufsqualifikation erwerben möchte. Ich bewerbe mich bei Ihrem Unternehmen, da Sie seit vielen Jahren Biologisch-technische Assistenten ausbilden und als Unternehmen bekannt sind, das auf die Ausbildung junger Menschen einen besonderen Wert legt. Ich verspreche mir in Ihrem Haus eine breit angelegte Ausbildung, die mir die Möglichkeit gibt, das notwendige Rüstzeug für den späteren Beruf einer Biologisch-technischen Assis-tentin zu erwerben.

Die Ausbildung als Biologisch-technische Assistentin erfordert gute naturwissenschaftliche Grundkenntnisse. Mein Interesse liegt bei allen naturwissenschaftlichen Fächern: Biolo-gie, Chemie, Mathematik, Physik. Wie Sie dem beigefügten Zeugnis der Jahrgangsstufe 11 / 2 entnehmen können, habe ich in diesen Fächern meine besten Noten.

Vor der Entscheidung für diese Bewerbung habe ich im Labor der Firma XY ein vier-wöchiges Praktikum absolviert. Dies hat mir sehr viel Spaß gemacht, und ich konnte mir, wie Sie dem beiliegenden Zeugnis entnehmen können, einen ersten Eindruck von der Praxis und dem Berufsalltag einer Biologisch-technischen Assistentin verschaffen. Ich kann mir gut vorstellen, nach der Ausbildung in der Forschung zu arbeiten, da ich an Themen wie Biotechnologie und Gentechnik sehr interessiert bin.

Auch für die weiteren Anforderungen der angestrebten Berufsausbildung hoffe ich, alle notwendigen Voraussetzungen mitzubringen. Ich schätze mich ein als ehrlich, freundlich, gründlich und umsichtig. Eine Zusammenarbeit mit Menschen in einem Team, die eine gemeinsame Aufgabe bewältigen, kann ich mir gut vorstellen.

Ich bin körperlich belastbar und verfüge über gutes Stehvermögen sowie über gute PC-Kenntnisse und durch mein Abiturfach über sehr gute englische Sprachkenntnisse.

Meine Hobbys sind Aquarellmalerei und Tischtennis spielen. Im Sportverein bin ich Übungsleiterin für die Mädchenmannschaft der Neun- bis Zwölfjährigen.

Wenn Sie weitere Informationen oder Unterlagen benötigen, stehe ich Ihnen jederzeit gerne zur Verfügung.

Ich würde mich sehr freuen, wenn Sie mir die Möglichkeit eines Vorstellungsgespräches geben könnten, bei dem ich Ihnen gerne meine Motivation für den angestrebten Ausbildungplatz weiter erläutern würde.

Mit freundlichen Grüßen

Leonie Labor

Bewerbung für eine handwerklich-technische Berufsausbildung

Sehr geehrter Herr Schulz,

mit diesem Schreiben möchte ich mich kurz bei Ihnen vorstellen, um mich um einen Ausbildungsplatz zu bewerben. Ich bin vor einigen Tagen 17 Jahre alt geworden und werde im Frühjahr nächsten Jahres mein Abitur am Robert-Bosch-Gymnasium ablegen. Mein Vater ist Ingenieur in der Entwicklungsabteilung eines Automobilherstellers, meine Mutter ist Rechtsanwältin, ich habe eine jüngere Schwester (zehn Jahre alt).

Ich möchte Ihnen zunächst meine Motivation für die Bewerbung um einen Ausbildungsplatz in Ihrem Unternehmen etwas ausführlicher erläutern. Handwerk und Technik haben mich schon immer begeistert. Schon früh habe ich Bücher gelesen, in denen es um die Meilensteine der Technik ging – von der Erfindung des Rades über die Dampfmaschine bis hin zur Eisenbahn, dem Telefon, Auto und schließlich dem Computer. In der Schule machen mir Fächer, bei denen es um Technik geht, viel Spaß – meine Lieblingsfächer sind Physik und Mathematik. In beiden Fächern habe ich Leistungskurse belegt. Auch arbeite ich an meiner Schule in der Arbeitsgruppe Informatik mit.

Ich bin aber nicht nur sehr an Technik interessiert, sondern habe auch Spaß am praktischen Umgang. Es macht mir Spaß, etwas auseinanderzunehmen und es anschließend wieder zusammenzubauen. Neben handwerklichem Geschick und der notwendigen Fingerfertigkeit verfüge ich über die für einen handwerklich-technischen Beruf notwendige körperliche Belastbarkeit und über Ausdauer. Ich weiß, dass in der Ausbildung wochenlang Fertigkeiten wie Fräsen, Schleifen und Polieren erlernt werden müssen. Ich sehe dies nicht als langweilig an, sondern als notwendige Übung für den späteren Beruf.

Ich bewerbe mich bei Ihrem Unternehmen um einen Ausbildungsplatz, weil ich von verschiedenen Seiten gehört habe, dass Sie gründlich ausbilden und junge Menschen in ihrer beruflichen Entwicklung fördern. Die vielen Abteilungen in Ihrem Unternehmen würden mir die Möglichkeit einer breiten und zugleich intensiven Berufsausbildung bieten.

In meiner Freizeit repariere ich gerne alte Radios und Musikanlagen und arbeite ehrenamtlich bei der freiwilligen Feuerwehr.

Ich würde mich freuen, wenn Sie mich zu einem Vorstellungsgespräch einladen würden.

Mit freundlichen Grüßen

Karsten Konzept

Bewerbung für eine Ausbildung in einem sozialen Beruf

Sehr geehrte Frau Peter,

hiermit möchte ich mich gerne für die Ausbildung zum Altenpfleger bei Ihnen bewerben. Ich bin 17 Jahre alt und werde nächstes Frühjahr am hiesigen Philipp-Melanchthon-Gymnasium mein Abitur ablegen. Meine Schulnoten bewegen sich bisher im guten Notenbereich, sodass ich annehme, das Abitur mit guten Noten bestehen zu können. Meine Stärken liegen in den Schulfächern Physik, Deutsch und Sport.

Ich sehe meinen künftigen Beruf in der Betreuung alter Menschen. Da für die Bewerbung bei Ihrer Ausbildungsstätte ein Praktikum erforderlich ist, habe ich dies bereits in einem Altenheim absolviert. Der Umgang mit den alten Menschen hat mir sehr viel Freude bereitet – wie umgekehrt diese Menschen sehr dankbar waren für die vielfältigen kleinen Hilfen, die ich ihnen geben konnte.

Ich bin psychisch und körperlich belastbar, kontaktfreudig und glaube, über das notwendige Einfühlungsvermögen im Umgang mit alten Menschen zu verfügen. Ich habe mich darüber informiert, dass als Inhalte der Ausbildung neben allgemeinen berufskundlichen Grundlagenfächern wie Gemeinschaftskunde und Berufsethik Fächer im medizinisch-pflegerischen Bereich wie Gesundheitslehre, Arzneimittellehre, Alten- und Krankenlehre und die Fächer Geriatrie und Gerontopsychiatrie eine wichtige Rolle spielen. Diese Gebiete interessieren mich sehr, und ich habe mich anhand von Fachliteratur ein wenig damit vertraut gemacht.

Ich weiß, dass neben Kontaktfähigkeit und Einfühlungsvermögen in diesem Beruf auch psychische und körperliche Belastbarkeit im Umgang mit alten Menschen erwartet wird. Auch diesen Herausforderungen fühle ich mich gewachsen.

Nach einem ausführlichen Gespräch mit einem Berufsberater glaube ich, dass Ihre Ausbildungsstätte meinen Interessen optimal entspricht, da Sie besondere Schwerpunkte wie Psychologie / Alterspsychologie und Ernährung alter Menschen als Themen in der Ausbildung anbieten, woran ich sehr interessiert bin.

In meiner Freizeit lese ich gerne, ein weiteres Interesse von mir ist Kanu fahren.

Ich würde mich freuen, wenn meine Bewerbung bei Ihnen auf Interesse stößt und Sie mir die Möglichkeit eines persönlichen Gesprächs geben würden.

Mit freundlichen Grüßen

Stefan Sorgemann

Tabellarischer Lebenslauf

Nachfolgend einige Informationen, wie ein tabellarischer Lebenslauf aufgebaut sein sollte: Auf die erste Seite wird entweder links oder rechts das Foto geklebt oder die Bilddatei eingefügt, sofern das Foto nicht auf einem Deckblatt platziert wird. Es folgen diese Informationen nacheinander:

- Name
- Vorname
- Geburtsdatum
- Geburtsort
- Staatsangehörigkeit (nur bei Ausländern)
- Konfession (nur bei kirchlich gebundenen Arbeitgebern)
- Eltern mit Namen und Beruf
- evtl. Geschwister
- Schulausbildung
- Grundschule mit Daten von ... bis ...
- Weiterführende Schule / Gymnasium, ebenfalls mit Daten
- Abiturprüfung mit voraussichtlichem Datum (Monat und Jahr)
- Praktika / Schulpraktika (falls absolviert)
- Hobbys
- Ort, Datum und Unterschrift

Der direkte Kontakt: Ausbildungsmessen

Ausbildungsmessen sind speziell für Schulabgänger, z. B. Abiturienten, und Berufseinsteiger gedacht und bieten gezielte Informationen über infrage kommende Ausbildungen und/oder Studienmöglichkeiten und auch darüber, was einen in den jeweiligen Berufen erwartet. Die auf Ausbildungsmessen präsenten Unternehmen bieten detaillierte Informationen über den Ausbildungsablauf und das Anforderungsprofil sowie auch zu späteren beruflichen Möglichkeiten. Darüber hinaus besteht auf Ausbildungsmessen die Gelegenheit, an Bewerbungscoachings teilzunehmen und wertvolle Tipps für die eigene Bewerbung zu erhalten.

Ganz wichtig: Auf Ausbildungsmessen können erste direkte Kontakte zu potenziellen Arbeitgebern geknüpft werden. Möglicherweise findet man bereits auf der Messe seinen Ausbildungsplatz und lernt vielleicht auch schon seinen künftigen Arbeitgeber kennen.

HINWEIS

Aufgrund dieser möglichen ersten Begegnung mit dem zukünftigen Arbeitgeber, ist es wichtig, dass Sie sich für den Messebesuch ansprechend und seriös kleiden und mit einem gepflegten äußeren Erscheinungsbild auftreten. Zudem ist es empfehlenswert, dass Sie z. B. Ihren Lebenslauf, eine Kurzbewerbung o. Ä. bei sich tragen, um dem potenziellen Arbeitgeber direkt etwas überreichen zu können, das einige Informationen über Sie sowie Ihre Kontaktdaten enthält.

Die Ausbildungsmessen werden von den Arbeitsagenturen, von Industrie- und Handelskammern, von Städten, von Hochschulen und von Unternehmen das ganze Jahr über zu verschiedenen Terminen an verschiedenen Orten angeboten, wobei es auch auf spezielle Berufsgruppen zugeschnittene Ausbildungsmessen gibt, so etwa für den Chemiebereich (Ausbildungsbörse Chemie), IT-Berufe (Branchentreff Jobmessen IT & Communications) oder Berufe bei der Bundeswehr (Tage der Berufe in Uniform).

Die Ausbildungsmessen bieten z. B. Antworten auf die folgenden Fragen:

- Welches Unternehmen spricht mich mit dem Ausbildungsweg oder dem Ausbildungsort besonders an?
- Wie hoch ist die Ausbildungsvergütung und wie lange dauert die Ausbildung?
- Wie sieht die Ausbildung genau aus? Wie wechseln sich Praxisphasen und Theorie ab?
- Wie hoch ist die Wahrscheinlichkeit, dass man nach Abschluss der Ausbildung von dem Unternehmen übernommen wird?

- Welche Möglichkeiten der Weiterbildung und / oder Karriere gibt es nach Abschluss der Ausbildung?
- Kann ich mein Interesse erst einmal mit einem Praktikum testen?
- Wer ist mein Ansprechpartner für die Bewerbung?

Die jeweils aktuellen Veranstaltungstermine und Veranstaltungsorte von Ausbildungsmessen sind im Internet unter folgenden Adressen zu finden:

- **planet-beruf.de**
  www.planet-beruf.de/schuelerinnen/mein-fahrplan/infoboard/termine-ausbildungsmessen
- **messen.de**
  www.messen.de/de/suchen?q=Ausbildungsmesse
- **jobfair.de**
  www.jobfair.de/ausbildungsmesse/stadt.php

Eine weitere Informationsquelle, wann und wo Ausbildungsmessen stattfinden, sind die Berufsinformationszentren der Arbeitsagenturen.

Als Online Content haben wir für Sie drei Listen von erstens großen, überregionalen und branchenübergreifenden Ausbildungsmessen, zweitens regionalen Ausbildungsmessen sowie drittens ausbildungs- und branchenspezifischen Ausbildungsmessen jeweils mit Links zu den entsprechenden Websites zusammengestellt:

 http://qrcode.stark-verlag.de/E10498-05

Vorstellungsgespräch

Wenn die schriftliche Bewerbung um einen Ausbildungsplatz überzeugt hat, werden die Bewerber normalerweise zu einem Vorstellungsgespräch eingeladen. Auf dieses Auswahlinterview sollte man sich sehr gründlich vorbereiten.

Bei den meisten Firmen erfolgt die Auswahl der künftigen Auszubildenden nach einem Gespräch zwischen Bewerbern und den Mitarbeitern der Personalabteilung. Das Vorstellungsgespräch ist kein »Buch mit sieben Siegeln«, man kann vorher einiges tun, um einen überzeugenden Eindruck zu hinterlassen.

Zunächst einmal sollten Sie sich Informationsmaterial über das Unternehmen beschaffen. Zapfen Sie alle Quellen an, Sie müssen über das Unternehmen sehr genau Bescheid wissen, denn eine Frage wird mit Sicherheit lauten: »Warum wollen Sie gerade bei uns Ihre Ausbildung machen?« Schauen Sie sich also genau an, was das Unternehmen produziert, wie viele Mitarbeiter es hat, wohin es seine Produkte verkauft usw. Lesen Sie Ihre Bewerbungsunterlagen noch einmal durch, prägen Sie sich das, was Sie zu Papier gebracht haben, gut ein. Es spricht übrigens nichts dagegen, wenn Sie das Informationsmaterial zum Gespräch mitbringen. Dies unterstreicht Ihre professionelle Vorbereitung.

Von zentraler Bedeutung sind die Anreise und das pünktliche Erscheinen und damit im Vorfeld die Fragen: Wo genau befindet sich das Unternehmen? Wie lange dauert die Fahrt? Planen Sie ein, dass an dem Tag ein Stau ist, dass bei der S-Bahn der Strom ausfällt, dass Ihr Fahrrad einen Platten hat. Mit anderen Worten: Kalkulieren Sie großzügig Verzögerungen ein, damit Sie trotz allem immer noch rechtzeitig zum Gespräch kommen. Denn wer zum Vorstellungsgespräch zu spät erscheint, für den ist die Sache meistens schon gelaufen, bevor sie überhaupt angefangen hat. Viele Personalchefs stehen auf dem Standpunkt, dass so jemand auch am Arbeitsplatz nicht sehr zuverlässig sein wird.

Thema Outfit: Damit Sie beim Vorstellungsgespräch eine gute Figur machen, sollten Sie ausgiebig über Ihr Äußeres nachdenken. Schließlich weiß man: Es dauert nur wenige Sekunden, bis das Gegenüber einen ersten Eindruck von Ihnen hat. Hier spielen Ihre Körperhaltung, die Mimik und natürlich die Kleidung eine entscheidende Rolle. Messen Sie diesen Äußerlichkeiten keinen zu geringen Stellenwert bei. Mit einem entsprechenden Äußeren können Sie durchaus Pluspunkte sammeln. Zunächst – das ist eine Binsenweisheit – sollten Sie gepflegt und ordentlich aussehen. Wenn Sie sich unsicher sind, was Sie anziehen sollen – als Mann ist man mit Jackett und Krawatte, als Frau mit Kostüm oder Hosenanzug immer auf der sicheren Seite.

Selbstverständlich können Sie sich nicht auf alle Eventualitäten vorbereiten. Aber es gibt typische Fragen, die in fast jedem Vorstellungsgespräch gestellt werden. Je besser Sie vorbereitet sind, desto souveräner können Sie in das Gespräch gehen und umso positiver ist Ihre Ausstrahlung. Am besten bereiten Sie sich vor, indem Sie das Interview einmal mit einer Freundin oder einem Freund durchspielen. Machen Sie vor dem Gespräch eine Generalprobe. Das gibt Ihnen weitere Sicherheit.

Egal, um welche Branche oder welchen Ausbildungsberuf es sich handelt, Bewerberinnen und Bewerbern werden ganz typische Vorstellungsgesprächsfragen gestellt. Bevor wir zum Ablauf eines Vorstellungsgesprächs kommen, stellen wir Ihnen die wichtigsten Regeln für das Vorstellungsgespräch vor.

Sechs goldene Regeln für das Vorstellungsgespräch

1. Warten Sie, bis man Sie zum Vorstellungsgespräch bittet. Selbst wenn Sie eine halbe oder eine Stunde warten müssen, klopfen Sie nicht an die Tür.

2. Begrüßen Sie nicht von sich aus diejenigen, denen Sie gegenübersitzen werden, mit Handschlag. Das Händeschütteln muss von der anderen Seite ausgehen.

3. Versuchen Sie alles, um Sympathie zu mobilisieren. Halten Sie freundlich Blickkontakt und vergessen Sie nicht, ab und an zu lächeln.

4. Versuchen Sie, sich die Namen der Personen einzuprägen oder schreiben Sie sie auf, sodass Sie im Laufe des Gesprächs diese Personen mit ihrem Namen ansprechen können.

5. Antworten Sie bei Fragen immer der Person, die die Frage gestellt hat, und schauen Sie diese Person an. Lassen Sie aber im Laufe Ihrer Argumentation auch den Blick auf die anderen Personen schwenken.

6. Antworten Sie in kurzen und klaren Sätzen und vermeiden Sie gedrechselte Ausführungen.

Ein Vorstellungsgespräch besteht normalerweise aus vier Phasen: einer Begrüßungsphase, Fragen an Sie, möglichen Fragen von Ihnen an Ihr Gegenüber und einer Verabschiedungsphase.

Die Aufwärmphase wird meistens eingeleitet mit Fragen wie: »*Haben Sie gut hergefunden?*«, »*Wie war die Anfahrt?*« o. Ä. Hier sollten Sie freundlich antworten und sich nicht beschweren, selbst wenn die Anreise schwierig war.

Dem folgt die Phase der klassischen Fragen im Vorstellungsgespräch:

»Erzählen Sie doch einmal etwas über sich!«
Diese Aufforderung erfolgt entweder am Ende der Aufwärmphase oder zu Beginn des eigentlichen Vorstellungsgesprächs. Viele Bewerberinnen und Bewerber sind etwas verunsichert. Wo anfangen? Gar nicht so leicht bei einer so allgemeinen Formulierung. Wichtig ist, dass Sie nicht zu sehr ausholen. Lassen Sie Privates zunächst einmal weg. Berichten Sie kurz über die bisherige schulische Ausbildung. Wiederholen Sie also das, was Sie im Lebenslauf und im Bewerbungsschreiben zu Papier gebracht haben. Allerdings sollten Sie nicht mehr als zwei bis drei Minuten über sich selbst erzählen.

»Warum haben Sie sich für diesen Ausbildungsberuf entschieden?«
Sie brauchen eigentlich nur das zu wiederholen, was Sie bereits in einem gut formulierten Anschreiben gesagt haben. Lassen Sie sich nichts Neues einfallen. Die Personen, die Ihnen die Fragen stellen, haben Ihre Bewerbung, da Sie einer von vielen Bewerbern sind, nicht mehr im Detail in Erinnerung. Wenn Sie Ihre Ausführungen noch genau in Erinnerung haben, wird das eher als Bestätigung für Ihre Glaubwürdigkeit und Motivation gesehen.

»Warum wollen Sie gerade bei uns Ihre Ausbildung machen?«
Diese Frage wird fast immer gestellt. Schließlich will ein Personalentscheider auf Nummer sicher gehen, ob Sie der oder die Richtige sind. Es geht bei dieser Frage um das Abklopfen Ihrer Motivation. Haben Sie sich wirklich bewusst für dieses Unternehmen entschieden, oder ist das Ganze eine aus der Not geborene Aktion, weil Sie keine andere Ausbildung bekommen haben? Hier macht es sich gut, wenn Sie Informationen über das Unternehmen, die Sie vorher recherchiert haben, präsentieren. Damit zeigen Sie: Ich habe mich ernsthaft mit Ihrem Unternehmen beschäftigt, und ich habe meine Bewerbung nicht aus einer Laune heraus geschrieben.

»Wie stellen Sie sich die Ausbildung bei uns vor?«
Auf diese Frage müssen Sie sich gut vorbereiten, indem Sie vor dem Vorstellungsgespräch die Ausbildungsordnung lesen oder sich bei Bekannten / Freunden erkundigen, wie die Ausbildung in etwa abläuft (Wechsel von praktischer Ausbildung im Betrieb und theoretischer Ausbildung in der Berufsschule etc.), oder indem Sie Inhalte nennen, die während der Ausbildung vermittelt werden. Mit einer Antwort wie *»Weiß ich noch nicht so richtig«* begeistern Sie Ihr Gegenüber nicht.

Neben diesen zentralen Fragen können auch solche nach der sozialen Kompetenz, nach Ihren bisher größten Erfolgen und Misserfolgen, nach der Fähigkeit, Kritik anzunehmen, oder nach Ihren Hobbys gestellt werden. Bereiten Sie sich auch auf diese zwar nicht zentralen, aber für die Gesamtbeurteilung durchaus wichtigen Fragen gründlich vor. Wirken Sie nicht überheblich, indem Sie Antworten geben wie: »*Misserfolg, so etwas kenne ich nicht.*« Oder bei Kritik: »*Das macht mir nichts aus.*« Oder: »*Damit komme ich gut klar.*« So etwas wirkt nicht glaubwürdig. Nennen Sie Beispiele aus der Schule, was Erfolge und Misserfolge anbelangt, und erläutern Sie, was Sie daraus lernen konnten.

Daneben können einige Fragen kommen, die eher unangenehm sind und bei denen Sie einen kühlen Kopf bewahren müssen, z. B.: »*Hatten Sie Schwierigkeiten mit bestimmten Lehrern?*«, »*Warum haben Sie in dem Fach soundso nur ein Befriedigend erzielt?*«, »*Hatten Sie schon einmal Konflikte mit Mitschülern?*« An dieser Stelle sollten Sie sich nicht über unfähige Lehrer, die nichts vermitteln können, über renitente Mitschüler oder über das Schulsystem aufregen. Versuchen Sie sachlich zu erklären, dass die Drei mit etwas Glück auch eine Zwei hätte sein können, dass Sie Konflikte mit Lehrern im Gespräch ausgetragen haben und dass Sie bei Konflikten mit Mitschülern stets auf das Argument vertrauen.

Die Phase der Fragen endet üblicherweise mit der Frage, ob Sie sich auch woanders beworben haben. Denken Sie daran, dass Ihre Antwort glaubwürdig ausfallen muss. Ihre Antwort könnte lauten: »*Es gibt zwei andere Bewerbungen, die noch offen sind, allerdings würde ich besonders gerne bei Ihnen arbeiten, weil ...*« Jetzt sollten Argumente folgen, die Ihrer Ansicht nach für dieses Unternehmen sprechen.

Meist gegen Ende des Vorstellungsgesprächs wird man Sie auffordern, Ihrerseits Fragen zu stellen. Seien Sie darauf vorbereitet. Es macht keinen überzeugenden Eindruck, wenn nur ein »*Nein, keine Fragen*« aus Ihrem Munde kommt. Andererseits sollten Sie nicht danach fragen, ob das Unternehmen noch solvent ist, wie viel Urlaub einem zusteht oder ob man während der Arbeit Musik hören kann. Sie könnten Folgendes fragen, vorausgesetzt, Ihr Gegenüber hat dies nicht schon selbst beantwortet:

»*Wie viele Auszubildende haben Sie derzeit?*«
»*Durch welche Abteilungen geht man im Laufe der Ausbildung?*«
»*In welcher Abteilung beginnt die Ausbildung?*«
»*Wie viel Prozent der Auszubildenden schaffen die Abschlussprüfung?*«
»*Gibt es Möglichkeiten, nach der Ausbildung vom Betrieb übernommen zu werden?*«

Von Bedeutung beim Abschluss des Vorstellungsgespräches ist die Verabschiedung. Fragen Sie bitte nicht »Was meinen Sie, habe ich Chancen?«. Das wirkt unprofessionell. Abgesehen davon werden sicher nach Ihnen noch andere Bewerberinnen und Bewerber befragt, sodass es noch keine abschließende Entscheidung gibt. Selbstverständlich können Sie aber fragen, wann in etwa mit einer Nachricht zu rechnen ist. Bei der Verabschiedung gilt das Umgekehrte wie bei der Begrüßung. Reichen Sie Ihren Interviewpartnern die Hand und bedanken Sie sich für das Gespräch.

Bewerbung für Ausbildungen an Berufs- und Wirtschaftsakademien und der Dualen Hochschule Baden-Württemberg

Hierfür brauchen Sie keine große Recherche durchzuführen. Im zweiten Kapitel dieses Buches, »Ausbildungen und Studiengänge im Überblick«, finden Sie die derzeitigen Berufs- und Wirtschaftsakademien in Deutschland und die Standorte der Dualen Hochschule Baden-Württemberg mit Adressen verzeichnet.

Die Bewerbung richten Sie nicht an die Berufs- oder Wirtschaftsakademie oder an den Standort der Dualen Hochschule Baden-Württemberg, sondern an die Betriebe, die dieser Einrichtung angeschlossen sind. In der Regel erfahren Sie auf der jeweiligen Berufsakademie-Homepage, welche Betriebe dazugehören und wer aktuell Ausbildungsplätze anbietet. Gleiches gilt für die Homepage der Dualen Hochschule Baden-Württemberg.

Bei der Durchsicht werden Sie feststellen, dass es nicht für alle Bundesländer solche Einrichtungen gibt. Diese konzentrieren sich stark auf einige Regionen. Für die Bewerbung können Sie sich an den Beispielen in diesem Kapitel orientieren. Die Chance, zu einem Vorstellungsgespräch oder Auswahlgespräch eingeladen zu werden, hängt ab von einer gut formulierten Bewerbung, von Schulnoten, die für die jeweilige Ausbildung von dem Betrieb als besonders wichtig erachtet werden, und auch von der Abiturdurchschnittsnote. Einser- oder Zweier-Kandidaten sind bei den Unternehmen natürlich gern gesehen.

Die Auswahl beschränkt sich bei den Berufs- und Wirtschaftsakademien jedoch nicht nur auf ein Vorstellungsgespräch. Sie müssen mit zusätzlichen Tests und mit dem bei Bewerbern wenig beliebten Assessment-Center rechnen.

Assessment-Center

Unter Assessment-Center versteht man eine angeblich besonders effiziente Form des Personalauswahlverfahrens. Etwa acht bis zwölf Bewerber müssen sich bei bestimmten Übungen, Aufgaben und Anforderungen in Konkurrenz zueinander stellen. Dabei soll Näheres über deren Kompetenz, Persönlichkeit und Entwicklungsfähigkeit in Erfahrung gebracht werden. Im direkten Vergleich der Bewerber erwartet man eine bessere Chance, den optimalen Kandidaten für die Ausbildung herauszufinden. Ob Assessment-Center solchen Ansprüchen gerecht werden, an dieser Frage scheiden sich seit Jahren die Geister. Die Tests im Assessment-Center können sich über mehrere Tage hinziehen. Je nach Ausrichtung des Betriebes werden bei Bewerbern / Bewerberinnen folgende Eigenschaften geprüft: Team- und Kommunikationsfähigkeit, Kooperationsfähigkeit, Kontaktfähigkeit, Einfühlungsvermögen, Selbstkontrolle, Sensibilität, Aktivität, Belastbarkeit, Durchsetzungsvermögen, Arbeitsantrieb, Kreativität, Flexibilität, Selbstvertrauen, systematisches Denken und Handeln (Entscheidungsfähigkeit, Planungs- und Kontrollfähigkeiten, Organisationsvermögen oder Ähnliches).

Ein Assessment-Center setzt sich wie ein Puzzle aus verschiedenen Übungen zusammen:

Die Gruppendiskussion

In der Gruppe der Bewerber wird ein bestimmtes Thema diskutiert. Dieses Thema ist entweder vorgegeben oder wird von den Teilnehmenden ausgewählt. Bei Abiturienten werden bevorzugt Themen aus Politik und Gesellschaft vorgegeben. Einerseits erwartet man von den Bewerbern, dass sie sich in der Gruppe der Konkurrenten zivilisiert und kooperativ verhalten, auf der anderen Seite, dass sie Führungspotenzial und Initiative zeigen und mit guten Argumenten ihre Meinung überzeugend vortragen.

Das Rollenspiel

Die Bewerber spielen eine bestimmte Rolle. Zuvor haben sie einige Minuten Vorbereitungszeit, um sich in eine Situation hineinzudenken, z. B. ein Gespräch zwischen Vorgesetztem und Mitarbeiter. Im Ergebnis geht es natürlich, wie nicht anders zu erwarten, um Konflikte und deren Lösung. Auch jede andere Form von Rollenspiel außerhalb täglicher Belange ist vorstellbar, sodass Sie unter Umständen Positionen vertreten müssen, die nicht die Ihren sind.

Die Fallstudie

Sie werden mit einem betrieblichen Problem konfrontiert, für das Sie vernünftige Lösungsansätze erarbeiten und überzeugend verkaufen sollen. Dabei wird besonders großen Wert auf Kreativität und die Präsentation der Ideen vor kritischem Publikum gelegt. Gefragt sind also Originalität, Ideenreichtum und Durchhaltevermögen, da die Fallstudie meistens so angelegt ist, dass Sie erst einmal auf taube Ohren stoßen und mit viel Elan Ihre Ideen an den Mann / die Frau bringen müssen.

Die Präsentation

Hier soll ein vorgegebenes Thema in wenigen Minuten Vorbereitungszeit in einen kurzen Vortrag gepackt werden. Die eigentliche Aufgabe ist auch hier die Präsentation. Wichtig ist, neben dem Thema der Präsentation, das »Wie«. Sie präsentieren eine Sache, aber vor allem präsentieren Sie sich selbst dabei. Beim Aufbau Ihres Vortrags sind logische Gliederung und aufeinander aufbauende Argumente sehr wichtig. Mit Witz, Spontaneität, freiem, flüssigem Reden und anschaulicher Darstellung sollen Sie das Publikum für Ihre Idee und für sich gewinnen.

Die Postkorbübung

Hier geht es um den sprichwörtlichen Wettlauf mit der Zeit. Sie schlüpfen erneut in die Rolle eines anderen Menschen. Sie sind beispielsweise ein viel beschäftigter Geschäftsmann, der damit konfrontiert wird, dass sein Flug nach Fernost in drei Stunden startet. Dies kollidiert damit, dass er nachmittags seine Tochter vom Musikunterricht abholen und sich danach das Fußballspiel seines Sohnes ansehen soll. Abends hat er mit seiner Frau bereits einen Tisch im Restaurant reserviert. Dann drückt man ihm einen Zettel in die Hand, dass der wichtigste Partner der Firma beabsichtigt, die Vertragsverbindungen mit dem Unternehmen zu beenden. Ein Zettel nach dem anderen wird gereicht mit Dingen, die alle in den nächsten zwei Stunden erledigt werden müssen. Ihre Aufgabe: anhand der Situationsbeschreibung einen realistischen Zeitplan aufzustellen, um so viel wie möglich in der verbleibenden Zeit schaffen zu können oder an andere zu delegieren. Bei der Postkorbübung brauchen Sie also Ruhe, einen kühlen Kopf und vor allem die Fähigkeit, Wichtiges von weniger Wichtigem unter Zeitdruck zu unterscheiden.

Intelligenz- und Konzentrationstests

Was hier so alles von den Teilnehmenden geprüft werden kann, geht von rechnerischem und mathematischem Denken, technischem Verständnis und räumlichem Vorstellungsvermögen bis hin zu Wort- und Sprachverständnis und Konzentrationsvermögen. Diese Prüfung erfolgt unter enormem Zeitdruck für die Bewerber; dabei ist der Zeitrahmen manchmal absichtlich so eng gefasst, dass ein vollständiges Bearbeiten der Aufgaben zeitlich gar nicht möglich ist.

Es kommt darauf an, sich nicht verrückt machen zu lassen, die Nerven zu behalten, nicht unnötig Stress zu entwickeln und flüssig die Testfragen zu beantworten.

Persönlichkeitstests

Der Persönlichkeitstest soll Aufschlüsse über die sogenannte Persönlichkeit der Bewerber geben. Man will wissen, wen man sich künftig ins Haus holt und was dessen besondere Persönlichkeitsstruktur ausmacht. Ziel der Persönlichkeitstests ist, Erkenntnisse über die Leistungsfähigkeit, Kontaktfähigkeit, emotionale Stabilität u. Ä. der Kandidaten herauszufinden. Persönlichkeitstests bestehen aus endlos langen Fragenkatalogen, die Sie mit Varianten wie »stimmt«, »stimmt nicht«, »stimmt teils – teils« beantworten können. Möglich ist auch, dass Sie aus mehreren gegebenen Aussagen diejenige heraussuchen sollen, die am ehesten auf Sie zutrifft. Oder es werden halbe Sätze vorgegeben, die Sie dann sprachlich weiterführen. Oder Sie sollen Ihre Meinung zu besonders umstrittenen gesellschaftlichen oder politischen Themen kundtun.

Das Tückische an Persönlichkeitstests ist, dass man Ihnen einige Fragen – jeweils etwas umformuliert – mehrmals vorsetzt, um zu prüfen, ob Ihre Antworten auf der gleichen Linie liegen oder ob sich Widersprüche auftun, wofür Minuspunkte vergeben werden.

Das Stressinterview

Der Höhepunkt des umstrittenen und für alle Bewerber wenig angenehmen Assessment-Centers ist das sogenannte Stressinterview. Man will testen, wie Sie unter Druck und Stress reagieren. Es fängt erst ganz harmlos an, doch dann geht es richtig rund.

Fragen wie *»Sind Sie überhaupt hier richtig?«*, *»Haben Sie sich mit Ihrer Bewerbung nicht vielleicht übernommen?«*, *»Glauben Sie wirklich, dass jemand mit Ihren Vorstellungen hier in das Unternehmen passt?«* sollen in Erfahrung bringen, ob Sie leicht verletzbar und beleidigt sind oder sich provozieren lassen. Man will Sie aus der Fassung bringen, entgleisen sehen, provozieren bis zum Äußersten. Auch das Stressinterview ist eine Show. Lassen Sie sich nicht aus der Fassung bringen, lächeln Sie freundlich, argumentieren Sie sachlich und lassen Sie die Spitzen Ihrer Gegenüber von sich abprallen.

Wer zu einem Assessment-Center eingeladen wird, sollte sich gründlich vorbereiten. Vor allem sollte man gute Fachbücher hinzuziehen (vgl. das Kapitel »Bücher und Websites zum Weiterlesen« S. 169). Auch ist ein Vorbereitungsseminar sinnvoll (wird etwa von Volkshochschulen, Industrie- und Handelskammern und anderen Institutionen angeboten).

Bewerbung für den öffentlichen Dienst

Wie vorher beschrieben, ist die Ausbildung zum Diplom-Verwaltungswirt das, was für die Privatwirtschaft eine Ausbildung an der Berufs- und Wirtschaftsakademie ist – die Kombination von jeweils zur Hälfte Theorie und Praxis, also einer Berufsausbildung und eines Studiums. Von daher unterscheidet sich die Bewerbung für eine solche Ausbildungsstelle nicht wesentlich von der für eine betriebliche Ausbildung oder eine Berufsakademie.

Zum Standard einer Bewerbung gehören ein gutes Anschreiben, aussagekräftige Unterlagen und, wenn die schriftlichen Unterlagen überzeugt haben, ein Vorstellungsgespräch. Ein Assessment-Center findet sich im öffentlichen Dienst allerdings selten, dafür werden aber bei der Bewerberauswahl die Schulnoten im Hinblick auf die angestrebte Ausbildung genau begutachtet, vor allem die Noten in Deutsch, Mathematik, Sozialkunde und Geschichte.

Bewerbung für Berufsfachschulen

Hier erfolgt die Auswahl der Bewerber nach der sogenannten Aktenlage. Assessment-Center gibt es hier nicht. Vorstellungsgespräche sind die Ausnahme. Normalerweise wird eine Rangliste der Bewerber nach Schulnoten und Vorkenntnissen, vor allem Praktika, gebildet. Wer nicht berücksichtigt werden konnte, kommt auf die Warteliste und steht dann im nächsten Jahr oder Halbjahr weiter oben auf der Liste. Deshalb ist es unbedingt ratsam, sich bei mehreren Berufsfachschulen zu bewerben.

Bewerbung um einen Studienplatz

Es gibt in Deutschland zwei Möglichkeiten, einen Studienplatz zu bekommen: von der Hochschule selbst oder von einer Einrichtung in Dortmund mit Namen *hochschulstart.de*, die aus der früheren ZVS (Zentralstelle für die Vergabe von Studienplätzen) hervorgegangen ist.

Man kann sich nicht aussuchen, ob man den Studienplatz von der Hochschule oder von *hochschulstart.de* erhält. Für jedes Studienfach ist genau festgelegt, ob der Weg über *hochschulstart.de* oder über die Hochschule führt. Sie werden jetzt fragen, warum Hochschule oder *hochschulstart.de*? Warum gibt es zwei verschiedene Wege der Studienplatzvergabe? Dahinter steckt ein durchdachtes System, das – obwohl es auf den ersten Blick so erscheinen mag – keineswegs bürokratische Schikane ist. Der Grundgedanke ist, dass es kleine Fächer (wenige Studierende) und große Fächer (viele

Studierende) gibt und dass es begehrte und weniger begehrte Studienplätze sowie beliebte und weniger beliebte Hochschulen gibt.

Einige Fächer sind bundesweit überlaufen, d. h., es gibt erheblich mehr Bewerberinnen und Bewerber für alle Hochschulen, sodass nur ein Teil davon sofort einen Studienplatz bekommen kann. In diesem Fall sprechen wir von einem sogenannten bundesweiten Numerus clausus, d. h., das Fach ist für alle Hochschulen der Bundesrepublik Deutschland zulassungsbeschränkt, und der Weg zum Studienfach führt über das Auswahlverfahren von *hochschulstart.de*.

Zu diesen Studienfächern gehören derzeit (Stand Wintersemester 2016 / 2017):

- Medizin
- Pharmazie
- Tiermedizin
- Zahnmedizin

Theoretisch könnten auch die einzelnen Hochschulen auswählen. Die Vergabe durch *hochschulstart.de* erfolgt aus praktischen Gründen. Stellen Sie sich vor, Sie möchten Pharmazie studieren, eines der Studienfächer, das an allen deutschen Universitäten zulassungsbeschränkt ist. Um sich für einen Studienplatz zu bewerben, müssten Sie an alle Universitäten, die dieses Studienfach anbieten, Ihre Unterlagen schicken. Das heißt viele Briefe, viele Kopien und Beglaubigungen usw. Um den künftigen Studierenden diese Vielfachbewerbungen zu ersparen, genügt es, sich bei einer Stelle, nämlich bei *hochschulstart.de*, zu bewerben. Hinzu kommt ein weiterer praktischer Grund. Zwischen dem Bewerbungsschluss und den Zulassungsbescheiden liegen nur wenige Wochen. In dieser kurzen Zeit müssten die einzelnen Hochschulen im Falle des Faches Pharmazie aus Tausenden von Bewerbungen 50 oder 100 Personen auswählen. Damit wären sie personell völlig überfordert. Aus diesem Grund nimmt ihnen *hochschulstart.de* diese Aufgabe ab.

Wie vergibt *hochschulstart.de* die Studienplätze im Rahmen des Auswahlverfahrens? Für 40 Prozent der Studienplätze dieser Fächer ist *hochschulstart.de* allein zuständig, 60 Prozent der Studienplätze werden in Auswahlverfahren der Hochschulen vergeben, woran aber *hochschulstart.de* vielfach – aber nicht immer – weiter beteiligt ist.

Zuerst einmal wird von den 40 Prozent der Studienplätze eine bestimmte Quote (u. a. Ausländer aus Nicht-EU-Ländern, Zweitstudienbewerber, Härtefälle) vorab ausgewählt. Die übrigen Studienplätze werden nach zwei Kriterien vergeben: nach der sogenannten Qualifikation (20 Prozent) und nach der Wartezeit (20 Prozent). Der Begriff Qualifikation bedeutet nichts anderes, als dass es sich dabei um die Durchschnittsnote des Abiturs handelt. Wartezeit ist die Zahl an Halbjahren (Semestern), die seit dem Abitur vergangen sind und während der man noch nicht (auch nicht in einem anderen Fach) studiert hat. Was in dieser Zeit seit dem Abitur gemacht wurde, ist für *hochschulstart.de* unerheblich. Ob Sie einen Bundesfreiwilligendienst oder ein freiwilliges soziales Jahr abgeleistet haben, ob Sie eine Lehre begonnen, ob Sie gejobbt haben oder nach dem Abitur erst mal für längere Zeit verreist waren, interessiert *hochschulstart.de* nicht. Man erhält die Wartezeit rückwirkend. *hochschulstart.de* rechnet aufs Abitur zurück und gibt pro Halbjahr ein Semester Wartezeit. Wenn Sie also im Frühjahr 2016 Ihr Abitur gemacht haben und im Herbst 2018 ein Studium aufnehmen möchten, ohne vorher etwas anderes studiert zu haben, ergeben sich vier Semester Wartezeit.

In der Abiturbestenquote konkurrieren bei der *hochschulstart.de*-Bewerbung nur die Bewerber/-innen aus einem Bundesland miteinander. *hochschulstart.de* teilt die zur Vergabe anstehenden Studienplätze in 16 Landesquoten, sodass Bewerber/-innen mit einem bestimmten Abiturdurchschnitt nur mit Bewerbern/-innen aus demselben Bundesland im Wettbewerb stehen. Es geht dabei um das Bundesland, in dem man das Abitur bestanden hat. Wo man geboren wurde, aufgewachsen ist oder einen Teil der Schulzeit verbrachte, ist unerheblich.

Nach welchen Gesichtspunkten erfolgt die Ortsverteilung der nach den Kriterien Abiturdurchschnittsnote und Wartezeit ausgewählten Bewerber/-innen?

Bei den Bewerbern, die zu den 20 Prozent mit der besten Abiturnote gehören, versucht *hochschulstart.de*, den Ortswunsch anhand der persönlichen Ortsrangliste im *hochschulstart.de*-Antrag zu berücksichtigen. Maximal sechs Ortswünsche können hier genannt werden. Wurde ein Ort von mehr Interessenten angegeben, als Plätze vorhanden sind, entscheidet die Durchschnittsnote, bei derselben Durchschnittsnote die Gesamtpunktzahl des Abiturs. Sind Bewerber/-innen in keinem der sechs genannten Orte zum Zuge gekommen, erhalten sie in der Abiturbestenquote gar keinen Studienplatz. Eine Zulassung ist dann nur noch über die Wartezeitquote und die Auswahlverfahren der Hochschulen möglich.

Diejenigen, die über die Wartezeit ausgewählt wurden, werden für die Ortsvergabe anhand von Sozialkriterien einer von vier Gruppen zugeteilt, wobei Gruppe eins die günstigste und Gruppe vier die ungünstigste ist.

Zu Gruppe eins gehören die Schwerbehinderten, zu Gruppe zwei am Hochschulort verheiratete Personen oder solche, die am Hochschulort Kinder erziehen. Gruppe drei sind diejenigen, die »besonders zwingende Bindungen« zu einem bestimmten Hochschulort genannt haben, Gruppe vier umfasst alle übrigen Bewerber / -innen, die zu keiner der drei erstgenannten Gruppen gehören.

Die Kriterien für die Gruppen eins, zwei und vier sind klar, aber was sind besonders zwingende Bindungen zu einem Hochschulort? Damit ist nicht gemeint, dass der Freund oder die Freundin bereits dort studiert, sondern: Mithilfe im elterlichen Betrieb, Leistungssport am gewünschten Hochschulort, Pflege eines kranken oder gebrechlichen Familienangehörigen, aber auch der Umstand, dass bereits Geschwister auswärts studieren und die Eltern finanziell nicht in der Lage sind, ein weiteres auswärtiges Studium zu bezahlen.

Die Zulassungsbescheide verschickt *hochschulstart.de* Mitte August / Februar für die ausgewählten Bewerber / -innen in der Abiturbesten- und in der Wartezeitquote. Anfang September / März folgen die Ergebnisse für die Auswahlverfahren der Hochschulen.

Wer leider eine Ablehnung bekommt, sollte es ein Semester später (falls das gewünschte Studienfach zweimal im Jahr vergeben wird) oder im darauffolgenden Jahr erneut versuchen oder ein anderes Studienfach aufnehmen, was aber für eine erneute Bewerbung bei *hochschulstart.de* wartezeitschädlich ist. Es gibt aber noch einen kleinen Hoffnungsschimmer. Nicht alle, die eine Zulassung erhalten, nehmen den Studienplatz an. Da ohne Annahme (Achtung bei Urlauben in der genannten Zeit) der angebotene Studienplatz verfällt, werden diese Plätze in Nachrückverfahren weitervergeben. Wer nicht zu den glücklichen Nachrückern gehört, hat eine weitere Chance: Auch nicht alle, die den Studienplatz angenommen haben, schreiben sich tatsächlich an der Hochschule ein. Deren Plätze darf nach Ablauf der Einschreibefrist die Hochschule vergeben – normalerweise im Losverfahren. Ermitteln Sie also, ob ein Losverfahren durchgeführt wird und welche Bedingungen die jeweilige Hochschule hat (etwa bestimmte Fristen, in denen das Losverfahren stattfindet; Übermittlung der Kontaktdaten und des gewünschten Studiengangs per Postkarte oder online). Seit einigen Jahren gibt es – allerdings nicht ausschließlich für die *hochschulstart.de*-Studiengänge – auch eine Studienplatzbörse, in der diese freien Studienplätze recherchiert werden können:

www.freie-studienplaetze.de

Wer außergewöhnliche gesundheitliche, soziale oder familiäre Gründe glaubhaft nachweisen kann (es muss eine »besondere Ausnahmesituation« vorliegen) oder früher in dem gleichen Studiengang eine Zulassung hatte, aber aus unverschuldeten

Gründen das Studium nicht beginnen konnte, kann einen Sonderantrag auf sofortige Zulassung stellen (sogenannter Härtefallantrag).

Wer außergewöhnliche soziale oder familiäre Gründe vorbringen kann, hat die Möglichkeit, einen Antrag auf *Nachteilsausgleich* zu stellen, der im Erfolgsfall die Durchschnittsnote verbessert. Das Gleiche gilt für die Wartezeit. Auch hier kann ein Antrag auf Nachteilsausgleich gestellt werden.

Wann bewirbt man sich für einen Studienplatz im bundesweiten Auswahlverfahren von *hochschulstart.de*? Bewerbungsfristen für das Wintersemester sind entweder der 31. Mai (gilt für sogenannte Alt-Abiturienten, die vor dem 16. Januar desselben Jahres ihr Abitur abgelegt haben) oder der 15. Juli (gilt für sogenannte Neu-Abiturienten, die zwischen dem 16. Januar und dem 15. Juli desselben Jahres ihr Abiturzeugnis erhalten haben). Der Termin für das Sommersemester ist der 15. Januar.
   Die Bewerbung muss spätestens an diesen Terminen bis 24.00 Uhr online bei *hochschulstart.de* erfolgt sein (Ausschlussfrist); die ausgedruckten und unterschriebenen Anträge mit den Anlagen sind auf dem Postweg an *hochschulstart.de* zu senden. Termine hierfür sind für Anträge zum 31. Mai der 15. Juni und für Anträge zum 15. Juli der 31. Juli. Beim Sommersemester gilt, dass die Unterlagen für Anträge zum 15. Januar bis zum 31. Januar vorliegen müssen.

Wenn Sie also in Erfahrung gebracht haben, dass das gewünschte Studienfach im Auswahlverfahren von *hochschulstart.de* vergeben wird, gehen Sie auf die Homepage (www.hochschulstart.de), informieren sich dort und mithilfe der zur Verfügung stehenden Downloads und laden sich vor allem das *hochschulstart.de*-Bewerbungsmagazin herunter. Es enthält alle für das nächste Semester aktuellen Informationen. Auch in vielen Berufsinformationszentren, Schulen und Büchereien liegt das aktuelle Magazin kostenfrei aus.

HINWEIS

Wichtig: Zu den Auswahlverfahren der Hochschulen sollte immer auf der Homepage von *hochschulstart.de* recherchiert werden, denn diese Informationen sind aktueller als das *hochschulstart.de*-Bewerbungsmagazin.

Wer über die Abiturnote oder die Wartezeit keinen Studienplatz erhalten hat, für den bleibt noch die Hoffnung, über die Auswahlverfahren der Hochschulen zugelassen zu werden. Um in diese Auswahlverfahren zu gelangen, ist aber eine vorherige Bewerbung bei *hochschulstart.de* unbedingt erforderlich; Direktbewerbungen bei den Hochschulen für die Auswahlverfahren in den *hochschulstart.de*-Fächern sind nicht möglich.

Nach welchen Kriterien werden diese übrigen 60 Prozent der Studienplätze in den Auswahlverfahren vergeben? Diese sind von Fach zu Fach und von Hochschule zu Hochschule sehr unterschiedlich. Auf der Homepage von *hochschulstart.de* kann für jede Hochschule das jeweilige Verfahren zum aktuellen Bewerbungssemester in Erfahrung gebracht werden.

Folgende Auswahlverfahren und -kriterien sind dabei möglich:

- Eine Hochschule führt – weil sie etwa derzeit keine personellen Kapazitäten hat – ein Auswahlverfahren allein anhand der Abiturnote durch.
- Die Hochschule führt ein umfangreiches Auswahlverfahren durch. Kriterien können neben der Abiturnote u. a. eine vorherige Berufsausbildung / -tätigkeit, die Ableistung eines Jugendfreiwilligendienstes oder des Bundesfreiwilligendienstes, die Belegung von ausgewählten Fächern in der Oberstufe, Einzelnoten in ausgewählten Fächern in der Oberstufe, ein Auswahlgespräch mit Hochschulprofessoren, außerschulische Aktivitäten, wie Teilnahme an Wettbewerben, und fachspezifische Studierfähigkeitstests sein.
- Eine Hochschule beauftragt *hochschulstart.de* mit einer Vorauswahl nach Abitur und / oder Ortspräferenz der Bewerber und führt mit dieser Gruppe von Abiturienten ein Auswahlverfahren durch.

Bewerbung bei der Hochschule

Für alle anderen Fächer wendet man sich erst einmal an die jeweilige Hochschule, die dieses Studienfach anbietet. Dabei werden Studienplätze an den Hochschulen nach verschiedenen Systemen vergeben: ohne Zulassungsbeschränkungen, nach einem Orts-NC oder durch eine besondere Eignungsprüfung. Ist ein Orts-NC vorhanden, ist zu prüfen, ob diese Hochschule eventuell am sogenannten *Dialogorientierten Serviceverfahren* von *hochschulstart.de* teilnimmt. Sehen Sie hierzu das nächste Kapitel.

Für die Fächer ohne Zulassungsbeschränkungen gilt, dass alle Studienbewerberinnen und Studienbewerber unabhängig von der Abiturnote oder einer Wartezeit den Studienplatz am gewünschten Ort erhalten, da genügend Studienplätze vorhanden sind. Man braucht sich unter Vorlage bestimmter Unterlagen nur noch einzuschreiben.

Die Hochschulen verlangen auch für freie Fächer eine vorherige Anmeldung (online und / oder auf dem Postweg), die an Termine gebunden ist. Wenn Sie also hören, dass Ihr Fach zulassungsfrei ist, heißt das nicht, dass Sie erst am ersten Tag des Semesters dort erscheinen sollten.

Bei den Studiengängen mit Orts-NC gibt es erfahrungsgemäß mehr Bewerber als Studienplätze. Deshalb muss die Hochschule auswählen. Mögliche Kriterien für die Zusage oder Absage sind – neben der Abiturnote und der Wartezeit – eine einschlägige Berufsausbildung / -tätigkeit, Teilnahme an Landes- und Bundeswettbewerben, Auswahlgespräche, Belegung studiengangsrelevanter Fächer in der Oberstufe, Einzelnoten studiengangsrelevanter Fächer in der Oberstufe und fachspezifische Studierfähigkeitstests.

Wenn Sie hören, dass Ihr Wunschfach an Ihrer Wunschhochschule einen Orts-NC hat, dann heißt das aber nicht, dass dieses Fach automatisch auch an anderen Hochschulen mit einem Orts-NC belegt ist. Häufig gibt es anderswo entweder mehr Studienplätze oder weniger Bewerber / -innen. Dann ist das Fach dort zulassungsfrei, und Sie können sich (unter Beachtung der Termine) direkt einschreiben.

Eine Studienplatzvergabe nach besonderer Eignungsprüfung betrifft erst einmal die Studienfächer an den Musik-, Kunst- und Sporthochschulen sowie die Studiengänge Journalistik / Publizistik und Übersetzen / Dolmetschen.

Bei der Bewerbung für das Sportstudium muss man in Form einer Aufnahmeprüfung seine sportlichen Fähigkeiten in mehreren Sportarten (Mannschafts- und Individualsport) unter Beweis stellen.

Für das Studium der Musik ist eine Prüfung vorgeschrieben, die eine entsprechende musikalische Grundbegabung und – je nach Studienfach – eine entsprechende Stimme, gutes Gehör, theoretische Kenntnisse und / oder die Beherrschung eines Musikinstrumentes nachweist.

Bei den Studienplätzen in freier oder angewandter Kunst haben die meisten Hochschulen ein zweistufiges Auswahlverfahren. Sie erwarten zunächst eine Mappe mit künstlerischen Objekten, die von den Professorinnen und Professoren begutachtet werden. Schafft man diese Hürde, wird man zur eigentlichen Aufnahmeprüfung an die Hochschule eingeladen. Bei dieser Prüfung werden allgemeine künstlerische Begabungen sowie besondere Fähigkeiten und Kenntnisse im Hinblick auf das spätere Studienfach überprüft. Wer auch diese Hürde genommen hat, erhält entweder direkt die Zulassung oder kommt auf eine Warteliste und kann dann in einigen Semestern beginnen.

Die Auswahl für Studiengänge wie Publizistik oder Journalistik ist wieder anders. Man muss nachweisen, dass die entsprechenden sprachlichen und persönlichen Voraussetzungen vorhanden sind.

Das Dialogorientierte Zulassungsverfahren von hochschulstart.de

Als vor etwa zehn Jahren die *Zentralstelle für die Vergabe von Studienplätzen (ZVS)* abgeschafft und an ihrer Stelle die *Stiftung für Hochschulzulassung*, bekannt als *hochschulstart.de*, eingerichtet wurde, war damit die Aufgabe verbunden, ein zentrales System für die Vergabe von Studienplätzen an den meisten deutschen Hochschulen anzubieten. Der Bund stellte anschließend 15 Mio. Euro für die Entwicklung eines *Dialogorientierten Serviceverfahrens* durch *hochschulstart.de* bereit. Einbezogen in dieses Verfahren sind derzeit (2016) rund 480 Studiengänge bundesweit.

Hinter dem *Dialogorientierten Serviceverfahren* steht eine gute Überlegung: Traditionell bricht zu jedem Wintersemester an den knapp 400 deutschen Hochschulen ein Bewerbungs-Chaos aus. Nicht wenige der geschätzten 500 000 Studienplatzbewerber reichen, um ihre Chancen auf einen Studienplatz zu verbessern, ihre Bewerbung bei mehr als einer Hochschule ein. Das erhöht ihre Chance auf einen Studienplatz ganz erheblich, bringt allerdings für die Hochschulen, aber auch für Studienbewerber, massive Probleme. Wer eine Zulassung von mehreren Hochschulen erhält, darf sich freuen, hat aber dann die Qual der Wahl und meistens einige Wochen Zeit, sich zu entscheiden. Da jede/-r Studienbewerber/-in schließlich nur einen Studienplatz einnehmen kann, werden in der Zeit, bis jemand sich für eine Hochschule entschieden hat, an den anderen Hochschulen, wo er oder sie ebenfalls eine Zulassung erhalten hat, die Plätze blockiert. Auf diese Plätze warten wiederum händeringend diejenigen, die noch keinen Studienplatz bekommen haben, und ihn dann möglicherweise erst kurz vor Semesterbeginn oder in Nachrückverfahren erhalten.

Geschätzt wird, dass über 15 000 Studienplätze jedes Wintersemester wegen dieser Probleme nicht besetzt werden können.

Das *Dialogorientierte Serviceverfahren* sieht vor, dass jede/-r Bewerber/-in online bis zu zwölf Wünsche eingeben kann. Die Hochschulen wählen dann nach ihren spezifischen Kriterien die Bewerber aus, benachrichtigen die Bewerber über das Portal, die sich dann wiederum online für oder gegen dieses Angebot entscheiden können. Wird der Studienplatz angenommen, wird der Name sofort automatisch aus allen anderen Listen gestrichen, und der Bewerber blockiert keine weiteren Studienplätze mehr.

Hat man also herausgefunden, dass der gewünschte Studiengang unter Beteiligung des *Dialogorientierten Serviceverfahrens* vergeben wird, registriert man sich zuerst auf *www.hochschulstart.de/dosv* und erhält eine Bewerber-Identifikationsnummer

(Bewerber-ID) und eine Bewerber-Authentifizierungs-Nummer (BAN). Mit diesen bewirbt man sich anschließend entweder über das Bewerbungsportal der jeweiligen Hochschule (sogenanntes dezentrales Verfahren) oder direkt für den Studiengang bei *www.hochschulstart.de/dosv* (sogenannte zentrale Bewerbung).

Wann dieses digitale System zumindest für die derzeit in der Hochschulrektorenkonferenz organisierten 266 Hochschulen in Deutschland als Regelbewerbungsverfahren eingerichtet sein wird, ist (Stand: 2016) offen.

Jeder, der sich ab 2016 für einen Studienplatz bewerben möchte, sollte deshalb vor der Bewerbung *www.hochschulstart.de* besuchen und sich zum jeweiligen Zeitpunkt aktuell informieren, ob der gewünschte Studiengang unter Einbeziehung des *Dialogorientieren Serviceverfahrens* vergeben wird.

Der Ausbau der Auswahlverfahren

An immer mehr Hochschulen und in immer mehr Studiengängen werden Auswahlverfahren eingeführt – Tendenz stark steigend. Dort, wo derzeit bei der Bewerbung an der Hochschule das Fach noch zulassungsfrei ist oder die Auswahl nach Abiturnote oder Wartezeit erfolgt, wird in absehbarer Zeit vor dem Studium eine Aufnahmeprüfung stehen. Dies ist eine internationale Entwicklung. Das Abitur berechtigt nicht mehr direkt zum Studium, sondern erst einmal nur zur Anmeldung für eine Aufnahmeprüfung.

Im Moment zeichnet sich noch keine einheitliche Linie ab. Bei einigen Studiengängen reicht es, wenn man bei der Bewerbung seine Motivation für das Studienfach und die Hochschule überzeugend vortragen und eventuell diese Motivation durch Praktika belegen kann. Bei anderen Fächern werden schriftliche Auswahltests an der Hochschule durchgeführt. In diesen Tests werden Allgemeinbildung, logisch-abstraktes Denken oder Grundkenntnisse des Fachs abgefragt.

Ein weiteres Auswahlinstrument ist das Auswahlgespräch, bei dem die Studienbewerber die Möglichkeit haben, über ihre Begabung und ihre Motivation für das Studium und die Gründe, warum sie dieses Fach ausgerechnet an dieser Hochschule studieren wollen, Auskunft zu geben. Solche Gespräche finden in der Regel einige Monate vor dem geplanten Studienbeginn statt.

Auf diese Auswahlverfahren sollte man sich sehr gründlich vorbereiten. Sie entscheiden in Zukunft wesentlich über Studium und Karriere. Die Autoren dieses Buches haben bereits einen Ratgeber mit vielen Musterbewerbungen und Tipps für die neuen Auswahlverfahren verfasst:

Dr. Dieter Herrmann / Dr. Angela Verse-Herrmann, *Erfolgreich bewerben an Hochschulen. So bekommen Sie Ihren Wunschstudienplatz.*

Ausbildung / Studium und Finanzen

Großes Gefälle: Die Ausbildungsvergütungen für Lehrlinge

Im Gegensatz zu Studierenden, die im günstigsten Fall BAföG beanspruchen können und ansonsten zusehen müssen, wie sie ihren Lebensunterhalt finanzieren, erhalten Auszubildende unabhängig davon, ob in einer normalen betrieblichen Ausbildung, in Ausbildungen im Rahmen von Berufs- und Wirtschaftsakademien oder in Ausbildungen im öffentlichen Dienst, eine Ausbildungsvergütung.

Für jeden Ausbildungsberuf ist in der jeweiligen Ordnung die Ausbildungsvergütung festgelegt. Es gibt keinen Standardbetrag – für jeden Lehrberuf ist die Vergütung einzeln geregelt, und es gibt von Beruf zu Beruf große Unterschiede. Beispielsweise erhalten Fotografen im ersten Jahr ihrer Ausbildung 310 Euro (jeweils brutto), Hotelkaufleute 443 bis 713 Euro und Chemielaboranten 851 bis 894 Euro. In den Ausbildungsordnungen wird ebenfalls ein bestimmter Betrag für das jeweilige Lehrjahr festgesetzt, der sich von Ausbildungsjahr zu Ausbildungsjahr in der Regel steigert (Fotografen: im 2. Lehrjahr 410 Euro, im 3. Lehrjahr 490 Euro, Hotelkaufleute: im 2. Lehrjahr 555 bis 804 Euro, im 3. Lehrjahr 610 bis 896 Euro, Chemielaboranten: im 2. Lehrjahr 907 bis 967 Euro und im 3. Lehrjahr 976 Euro bis 1 060 Euro).

Unterschiede bei der Vergütung gibt es für viele Ausbildungsberufe je nach Ausbildungsort: Für Lehrlinge in den alten und neuen Bundesländern gelten häufig unterschiedliche Tarifverträge, die verschieden hohe Ausbildungsvergütungen vorsehen.

Die Ausbildungsvergütung beinhaltet weitere Vorteile, die Studierende nicht haben. Auszubildende sind im Rahmen der Ausbildung krankenversichert, zahlen Beiträge in die Sozialkassen und haben sogar Anspruch auf Arbeitslosenunterstützung, wenn es nach der Ausbildung nicht direkt mit einer festen Stelle weitergeht.

Eine Besonderheit sind die Berufsfachschulen. Hier werden von den privaten Schulen Gebühren verlangt, die einige Hundert Euro im Monat betragen können. Außerdem erhalten die Teilnehmenden an solchen Ausbildungen keine Vergütungen, sondern können, wenn die Voraussetzungen vorliegen, BAföG beantragen.

Nicht zu unterschätzen: Die Kosten des Studiums

In Deutschland werden an den staatlichen Hochschulen seit 2014 keine Studiengebühren mehr erhoben. Somit meinen wir, wenn wir von den Kosten des Studiums sprechen, das, was man für den monatlichen Lebensunterhalt benötigt. Wie viel Geld im Monat für Unterkunft, Verpflegung, Kleidung und Transport benötigt wird, ist individuell verschieden und hängt in erster Linie von der Unterbringung (zu Hause oder auswärts) und den persönlichen Ansprüchen ab.

Betrachten wir einmal die monatlichen Ausgaben des durchschnittlichen Studierenden, der ein Zimmer außerhalb des Elternhauses bewohnt, über kein eigenes Auto verfügt, entweder in der Mensa oder zu Hause isst, keine kostspieligen Hobbys pflegt, sich nur die notwendigsten Dinge fürs Studium anschafft und auch seine Kino-, Theater- und Kneipenbesuche auf das übliche Maß beschränkt.

Bei einem solchen Musterstudenten fallen (nach der aktuellen Erhebung des Deutschen Studentenwerks) pro Monat folgende durchschnittliche Kosten an:

	Ausgaben
Miete (einschl. Nebenkosten)	298 €
Ernährung	165 €
Kleidung, Schuhe	52 €
Bücher, Lernmittel, Arbeitsmaterialien	30 €
Fahrtkosten	82 €
Krankenversicherung und sonstige Gesundheitsausgaben	66 €
Telefon, Internet	33 €
Freizeit, Sport, Kultur	68 €
Sonstige Ausgaben	70 €
Insgesamt	**864 €**

Diese Ausgaben ergeben insgesamt einen Betrag von etwa 864 Euro. Wer im Heimatort studiert und zu Hause wohnt, hat geringere Kosten, da die Kosten für Miete und Heimfahrten wegfallen und die Kosten für die Verpflegung geringer sind oder entfallen. Aber auch hier kommt man schnell auf einen Betrag von rund 300 bis 400 Euro, den man braucht, wenn man nicht jeden Cent zweimal rumdrehen will.

Die Kosten für den Lebensunterhalt hängen nicht nur von den persönlichen Ansprüchen ab, sondern auch von dem Ort, an dem man studiert. In Großstädten sind die Kosten höher als in kleineren Städten. Auch in Orten, in denen der Anteil der Studierenden an der Gesamtbevölkerung sehr hoch ist, liegen die Kosten, vor allem für Miete, höher.

Die Summe, die den meisten Studierenden zur Verfügung steht, liegt unter dem genannten Betrag von rund 864 Euro im Monat. Abgesehen von einer kleinen finanziell sehr gut gestellten Gruppe, sieht die wirtschaftliche Lage vieler Studenten nicht gerade rosig aus: Einem Viertel der Studierenden steht weniger als 675 Euro bei auswärtiger Unterbringung zur Verfügung.

Nachdem nun klar ist, was ein Studierender für das Dach über dem Kopf, für Essen und Trinken und für diverse andere Bedürfnisse braucht, stellt sich die Frage, wie man die anfallenden monatlichen Kosten decken kann, sofern man nicht mit Unterstützung der Eltern rechnen kann und alle Ausgaben alleine bestreiten muss. Ein Trost für all diejenigen – und das sind die meisten –, deren Eltern über nicht so viel Geld verfügen: Diese bequeme und problemloseste Art der Studienfinanzierung bleibt nur einer kleinen Zahl von Studierenden vorbehalten. Nur 48 Prozent des monatlichen Geldes, das Studierenden zur Verfügung steht, kommt von den Eltern, 16 Prozent wird durch BAföG, ca. 12 Prozent aus Stipendien o. ä. Einnahmen und 24 Prozent aus regelmäßigem Arbeiten, sprich Jobben, erzielt.

An diesen Zahlen sieht man, dass sehr viele Studierende eine sogenannte Mischfinanzierung haben. Sie bekommen etwas Geld von den Eltern, haben Anspruch auf 150 oder 250 Euro BAföG oder haben ein Stipendium ergattert und verdienen sich das, was noch fehlt, durch gelegentliches Jobben hinzu.

Geld vom Staat: BAföG

BAföG ist die Abkürzung für das Bundesausbildungsförderungsgesetz, aufgrund dessen unter bestimmten Umständen Studierenden, deren Eltern oder Ehepartner bestimmte Einkommensgrenzen nicht überschreiten, eine finanzielle Unterstützung gewährt wird. Eingeführt wurde es Anfang der 70er-Jahre, um begabten Schülern, deren Eltern kein Studium finanzieren konnten, das Studium zu ermöglichen. Derzeit erhalten etwa 666 000 der 2,8 Mio. Studierenden BAföG, wobei der durchschnittliche BAföG-Förderungsbetrag 448 Euro pro Monat beträgt. Die Förderung wird nicht nur für ein Studium im Inland gewährt, sondern kann auch mit Beginn des ersten Semesters für ein Studium in den EU-Staaten und der Schweiz in Anspruch genommen werden.

Nicht jeder, der sein Studium über BAföG finanzieren möchte, erhält eine entsprechende Ausbildungsbeihilfe. Anspruch auf BAföG haben nur diejenigen, denen, wie es im Amtsdeutsch heißt, für den Lebensunterhalt und für die Ausbildung die erforderlichen Mittel anderweitig nicht zur Verfügung stehen und deren gewählte Studienfächer den Neigungen und Fähigkeiten entsprechen. Im Klartext heißt das: BAföG bekommt, wer von Hause aus nicht begütert und fleißig im Studium ist.

BAföG ist je zur Hälfte ein Geschenk und ein Darlehen des Staates, das ganz oder teilweise zurückgezahlt werden muss. Bei einem durch BAföG finanzierten Auslandsaufenthalt wird der Auslandszuschlag als nicht zurückzahlbarer Zuschuss gezahlt.
Die Darlehen werden nicht verzinst. Außerdem besteht die Möglichkeit, einen Nachlass zu erhalten, indem man das Darlehen vorzeitig zurückzahlt. Die Gesamtdarlehensbelastung durch BAföG ist auf 10 000 Euro begrenzt.

Wer hat Anspruch auf BAföG?

Antragsberechtigt sind grundsätzlich alle deutschen Studierenden, die an einer deutschen Hochschule ordnungsgemäß immatrikuliert sind, und ausländische Studierende mit einer längerfristigen Bleibeperspektive. Bei Ausbildungsbeginn dürfen BAföG-Bewerber das 30. Lebensjahr noch nicht vollendet haben. Es gibt aber hiervon mehrere Ausnahmen, etwa für Bewerber, die über den zweiten Bildungsweg kommen, die durch langjährige Berufstätigkeit einen Studienplatz bekommen haben und Bewerber, die durch Krankheit oder Kindererziehung ein Studium nicht früher aufnehmen konnten. Eine weitere Ausnahme gilt für Masterstudierende: Diese können bis zur Vollendung des 35. Lebensjahres einen BAföG-Antrag stellen.
Ob aber jemand Anspruch auf Leistungen hat, hängt davon ab, wie gut oder schlecht die Einkommenssituation der Eltern ist, wie groß die Familie ist und ob die Antragsteller bei den Eltern wohnen oder außerhalb des Wohnortes untergebracht sind. Außerdem spielt der Familienstand des Antragstellers eine Rolle und ggf. das Einkommen des Ehepartners.

Das System der Einkommens- und Vermögensermittlung mit seinen Freibeträgen und Anrechnungsbeträgen ist sehr kompliziert und ändert sich von Jahr zu Jahr. Verfügen die Eltern nur über ein durchschnittliches Einkommen oder sind mehrere Kinder im studierfähigen Alter, ist die Chance, BAföG zu bekommen, erheblich höher als bei einem hohen oder bei zwei Einkommen.

Leistungen können auch unabhängig vom Einkommen der Eltern oder des Ehepartners erfolgen, wenn eine der folgenden Bedingungen erfüllt ist: fünfjährige Erwerbstätigkeit nach dem 18. Lebensjahr oder insgesamt sechs Jahre Ausbildungs- und Berufstätigkeit (drei Jahre Berufsausbildung und anschließend drei Jahre Erwerbstätigkeit, bei kürzerer Ausbildungszeit entsprechend längere Berufstätigkeit).

Wie hoch sind die BAföG-Leistungen?

Der Förderungshöchstbetrag beträgt für Studierende, die nicht bei den Eltern leben, ab dem Wintersemester 2016/2017 735 Euro. Das ist der sogenannte BAföG-Höchstsatz. Es gibt aber auch viele Studierende, die nur 100 oder 200 Euro pro Monat erhalten. Studierende Eltern erhalten zusätzlich einen Kinderbetreuungszuschlag von 130 Euro im Monat für jedes Kind. Anrechnungsfrei auf das BAföG sind sogenannte Minijobs bis 450 Euro monatlich und leistungsabhängige Stipendien bis 300 Euro im Monat, etwa das sogenannte Deutschlandstipendium (siehe S. 157 ff.).

Ein Studium im EU-Ausland oder der Schweiz wird nach dem Inlandssatz BAföG gefördert.

Generell können Auslandsaufenthalte während des Studiums durch BAföG unterstützt werden, wenn der Aufenthalt für das Studium förderlich ist und wenn Studienleistungen, die dort erbracht werden, auf das hiesige Studium angerechnet werden können. In diesem Fall kommen folgende Leistungen hinzu: Auslandszuschlag je nach Land (zwischen 50 und 450 Euro), eventuell anfallende Studiengebühren bis zu 4600 Euro für maximal ein Studienjahr, Zuschuss zu den Reisekosten und Kosten der Auslandskrankenversicherung. Eine Förderung wird zunächst für ein Jahr, maximal für fünf Semester gewährt. Diese Auslandsförderung ist ein Zuschuss und braucht später nicht zurückgezahlt zu werden.

Wie lange wird BAföG gezahlt?

BAföG wird nur für einen bestimmten Zeitraum gezahlt. Dieser orientiert sich an der in der jeweiligen Studien- und Prüfungsordnung festgelegten »Regelstudienzeit«, was für Bachelorstudierende an Universitäten meistens eine sechssemestrige Förderung, für Bachelorstudierende an Fachhochschulen eine siebensemestrige bedeutet. Eine Förderung für das Masterstudium wird gewährt, wenn es auf einem Bachelorstudiengang aufbaut.

Wer sein Studienfach wechselt, erhält nur dann eine Weiterförderung, wenn der Wechsel aus einem wichtigen Grund vorgenommen wurde und frühzeitig, spätestens bis zu Beginn des vierten Semesters erfolgte.

Wann stellt man den BAföG-Antrag?

Diese Frage ist leicht zu beantworten: so früh wie möglich, da die Bearbeitung der Anträge gerade zu Beginn des Semesters längere Zeit in Anspruch nimmt. Auf alle Fälle sollte der Antrag vor Studienbeginn und spätestens in dem Monat gestellt werden, bevor die Ausbildung beginnt. Studienbeginn ist in der Regel im Oktober an den Universitäten und im September an den Fachhochschulen (Beginn des Wintersemesters) sowie im April (Universitäten) und im März (Fachhochschulen) für das Sommersemester. Wer seinen Antrag verspätet stellt, erhält kein Geld rückwirkend.

Wie ist das mit der Rückzahlung des Darlehens?

Das Darlehen, das bis zum Studienabschluss angefallen ist, muss – sofern man nicht bei vorzeitiger Rückzahlung einen Teilerlass in Anspruch nehmen kann – voll zurückgezahlt werden, und zwar unverzinst.

Fünf Jahre nach Ende der Förderhöchstdauer (nicht nach Ende des Studiums) ist die erste Rate fällig. Die letzte Rate muss spätestens nach 20 Jahren gezahlt sein. Die monatliche Mindestrate beträgt derzeit 105 Euro, die an das Bundesverwaltungsamt (siehe unter *www.bva.bund.de*) überwiesen werden muss. Bei Wohnungswechsel muss die Adresse direkt mitgeteilt werden, weil ansonsten auf Kosten der Darlehensschuldner die neue Anschrift ermittelt wird (Info an Bundesverwaltungsamt, 50728 Köln oder *bafoeg@bva.bund.de*).

Weil nicht alle fünf Jahre nach dem Studium einen gut bezahlten Arbeitsplatz gefunden haben, besteht bei niedrigem Einkommen die Möglichkeit, sich von der Rückzahlungsverpflichtung freistellen zu lassen.

Wo erhält man weitergehende Informationen?

An allen Hochschulen gibt es BAföG-Ämter, in der Regel als Abteilung des Studentenwerkes. Sie geben auch gerne vor Studienbeginn Auskunft darüber, ob ein Antrag auf BAföG-Förderung Aussicht auf Erfolg hat. Bevor man sich mit dem jeweiligen BAföG-Amt in Verbindung setzt, sollte man die Informationen auf der Homepage des Ministeriums für Bildung und Forschung unter *www.bafoeg.bmbf.de* gründlich durchlesen und sich auch folgende Publikation mit den neuesten Bestimmungen ansehen: *Das BAföG. Kompaktinformationen zur Ausbildungsförderung*, hrsg. vom Bundesministerium für Bildung und Forschung. Sie kann als PDF-Datei von der o. g. Homepage des Ministeriums heruntergeladen werden.

Stipendien und Zuschüsse

Es gibt in Deutschland Einrichtungen, sogenannte Begabtenförderungswerke, die Stipendien an geeignete Studierende vergeben. Für ihre Arbeit erhalten die 13 Begabtenförderungswerke jährliche staatliche Zuschüsse. Derzeit sind es rund 232 Mio. Euro, womit ca. 27 000 Studierende (und 4 100 Promovierende) in den Genuss eines Stipendiums kommen.

Die wichtigsten Begabtenförderungswerke, was die Anzahl der Stipendien anbelangt, sind die sechs politischen Stiftungen, die je einer Partei weltanschaulich nahestehen. Wir betonen »nahestehen«, weil sie nicht, wie viele glauben, zur jeweiligen Partei gehören, sondern mehr oder weniger unabhängig sind. Im Einzelnen handelt es sich um die *Konrad-Adenauer-Stiftung* (CDU-nah), die *Friedrich-Ebert-Stiftung* (SPD-nah), die *Friedrich-Naumann-Stiftung für die Freiheit* (FDP-nah), die *Hanns-Seidel-Stiftung* (CSU-nah), die *Heinrich-Böll-Stiftung* (Die Grünen) und die *Rosa-Luxemburg-Stiftung* (Die Linke). Daneben gibt es noch die *Studienstiftung des deutschen Volkes* und den Konfessionen nahestehende Förderungswerke: das *Cusanuswerk – Bischöfliche Studienförderung* (Katholische Kirche), das *Evangelische Studentenwerk Villigst* (Evangelische Kirche), das *Ernst Ludwig Ehrlich Studienwerk* (Jüdische Konfession) und das *Avicenna-Studienwerk* (muslimische Studierende). Hinzu kommen das Förderwerk des Deutschen Gewerkschaftsbundes, die *Hans-Böckler-Stiftung,* und das der Arbeitgeber, die *Stiftung der Deutschen Wirtschaft – Studienförderwerk Klaus Murmann.*

In diesem Kontext muss auch die *Stiftung Begabtenförderung berufliche Bildung* erwähnt werden, die mit »Aufstiegsstipendien« besonders befähigte Berufstätige im Studium fördert. Der Stipendiensatz entspricht dem der Begabtenförderungswerke.

Im Folgenden soll kurz erläutert werden, nach welchen Prinzipien die Begabtenförderungswerke ihre Stipendien vergeben. Diese sind, unabhängig von den politischen oder weltanschaulichen Vorstellungen der jeweiligen Stiftung, sehr ähnlich. Die Förderwerke erhalten ihre Mittel überwiegend aus staatlichen Zuschüssen, entscheiden aber selbst über die Verwendung der Mittel. Da es sich schließlich um Steuergelder handelt, sind sie angehalten, diese so effektiv wie möglich einzusetzen. Um von einer der Stiftungen gefördert zu werden, muss man nicht Mitglied der Partei sein, die hinter ihr steht. Die Zugehörigkeit zu irgendeiner politischen Partei ist auf der anderen Seite aber auch kein Ausschlussgrund für eine Förderung. Bei den Kirchen nahestehenden Stiftungen sollte man nicht nur der jeweiligen Religionsgemeinschaft angehören, sondern seinen Glauben auch praktizieren.

Alle Begabtenförderungswerke legen übereinstimmend Wert darauf, dass Personen gefördert werden, die nicht nur finanziell unterstützt werden wollen, sondern auch an der Arbeit der Stiftung interessiert sind. So erwarten die Stiftungen, dass man entsprechende einführende und weiterführende Seminare besucht, Verbindungen zu anderen Stipendiaten unterhält, sich an der Bildungsarbeit aktiv beteiligt, sich später bei der Auswahl neuer Stipendiaten engagiert und sich generell auf Dauer der Stiftung verpflichtet fühlt.

Eine weitere Gemeinsamkeit: Die bis zur Bewerbung erbrachten Studienleistungen sind bei der Bewerberauswahl sehr wichtig, sie sind aber nicht der entscheidende Aspekt. Anders ausgedrückt, suchen die Stiftungen keine Fachidioten, sondern Menschen, die auch das Allgemeinwohl im Auge haben und einen Dienst an der Gesellschaft leisten. Wessen Biografie deutlich macht, dass es ihm oder ihr bislang in allererster Linie um das eigene Wohl und um die eigene Karriere ging, hat wenig Chancen auf ein Stipendium.

Was Stipendiaten vorweisen sollten, kann vielfältig sein: Mitarbeit in der Jugendarbeit, im sozialen Bereich, in karitativen Organisationen, im Umweltschutz, in der kommunalen Politik, in der Hochschulpolitik, in Selbsthilfegruppen, in kirchlichen Organisationen, im Sport und bei vielem mehr. Natürlich wird nicht erwartet, dass man überall sein soziales, politisches oder kirchliches Engagement unter Beweis gestellt hat, aber es sollte schon deutlich werden, dass ein solches Interesse nicht nur theoretisch, sondern auch praktisch vorhanden ist.

Die Höhe der Stipendien ist überall ähnlich und entspricht etwa der BAföG-Förderung. Sie ist abhängig vom Einkommen und Vermögen der Eltern und der Studierenden. Zu einem Grundbetrag von maximal 670 Euro pro Monat kommt – unabhängig vom elterlichen und eigenen Einkommen – eine Studienkostenpauschale von 300 Euro pro Monat. Verheiratete erhalten einen Zuschlag von 155 Euro pro Monat, falls der Ehepartner bestimmte Einkommensgrenzen nicht überschreitet. Auch Auslandsaufenthalte zu Studienzwecken können finanziert und bei eigener Kranken- und Pflegeversicherung Zuschüsse gewährt werden.

Wer kann sich wie für ein Stipendium bewerben?

Grundsätzlich kann sich jede / -r Studierende einer deutschen Hochschule, unabhängig vom gewählten Studienfach, bewerben. Üblich ist die Eigenbewerbung. Aber auch der Direktor des Gymnasiums, Hochschullehrer und ehemalige Stipendiaten können geeignete Kandidaten benennen. Bei der Studienstiftung des deutschen Volkes ist mittlerweile eine Eigenbewerbung auch möglich, in der Vergangenheit war eine Bewerbung ausschließlich über den Direktor der Schule und über Hochschullehrer möglich.

Bei der Hans-Böckler-Stiftung ist generell eine Eigenbewerbung nicht möglich. Antragsberechtigt sind die im Deutschen Gewerkschaftsbund zusammengeschlossenen Einzelgewerkschaften, d. h., man wendet sich erst einmal an eine dieser Gewerkschaften. Bei der Stiftung der Deutschen Wirtschaft erfolgt die Bewerbung über einen Vertrauensdozenten der Stiftung.

Für die Bewerbung gibt es entweder bestimmte Termine (siehe Homepage der jeweiligen Einrichtung) oder sie kann jederzeit eingereicht werden. Folgende Unterlagen werden üblicherweise erwartet: ausgefüllte Formblätter (auf der Homepage), Lebenslauf, Kopie des Abiturzeugnisses, ggf. Immatrikulationsbescheinigung, Studienleistungen, zwei Gutachten von Hochschullehrern, Darstellung der wirtschaftlichen Situation.

Die eingereichten Unterlagen werden von der jeweiligen Stiftung im Hinblick auf die besonderen Förderrichtlinien durchgesehen. Es erfolgt die Entscheidung, wer für nicht förderungswürdig erachtet wird (diese erhalten einige Wochen oder Monate später ihre Unterlagen mit einem Schreiben der Stiftung zurück) und wer in die engere Auswahl kommt. Dieser Kreis erhält eine Einladung zu einem Vorstellungsgespräch, zumeist in Form eines mehrtägigen Auswahlseminars in einer Bildungsstätte der Stiftung. Wer die erste Hürde erfolgreich genommen hat, muss sich jetzt einem harten Auswahlverfahren unterwerfen. Auch wenn es hierbei von Stiftung zu Stiftung Unterschiede gibt, sind die Verfahren ähnlich und besteht aus schriftlichen und mündlichen Prüfungen sowie Einzel- und Gruppengesprächen. Bei der Auswahl sind auch Professoren des Studienfaches beteiligt, die vor allem bei dem Teil der Prüfung den Kandidaten auf den Zahn fühlen, wo es um die Studienleistungen und das fachliche Wissen geht. Nach Abschluss des Auswahlgesprächs geben die Prüfer eine Empfehlung ab, wer in den Kreis der Stipendiaten aufgenommen werden sollte. Üblich ist die Aufnahme für ein Jahr im Sinne einer Probeförderung. Über eine Weiterförderung wird später entschieden, wobei ein weiterhin erfolgreicher Studienverlauf eine wichtige Rolle spielt. Hierzu ist es üblich, dass die Stipendiaten der Stiftung einen Semesterbericht vorlegen. Im günstigen Fall wird man bis zum Ende der Förderhöchstdauer unterstützt. Diese orientiert sich am jeweiligen Studienfach und berücksichtigt einen Zeitrahmen, in dem man sein Studium abgeschlossen haben kann.

Die Kriterien, nach denen die Stipendiaten ausgesucht werden, sind in allen Stiftungen ähnlich. Fachliche und persönliche Eignung für das gewählte Studium ist überall wichtig. Ebenso ein erfolgreicher Studienverlauf und entsprechende Leistungsbereitschaft. Hinzu kommen je nach Stiftung spezielle Kriterien, z. B. politisches, soziales oder kirchliches Engagement.

Wer schließlich für eine Förderung ausgewählt wurde, wird während des ganzen Studiums durch sogenannte Vertrauensdozenten an der Hochschule betreut, die sich auch um die Studienplanung kümmern. Hiervon ist die weitere Förderung abhängig.

Neu ist, dass die Mehrzahl der Begabtenförderwerke bereits zum ersten Semester Stipendiaten aufnimmt; zuvor war eine Bewerbung im zweiten oder dritten Semester üblich.

Bleibt noch die wichtige Frage offen, ob es sinnvoll ist, sich bei mehreren Begabtenförderungswerken gleichzeitig zu bewerben. Im Prinzip nein, höchstens bei zwei Stiftungen, falls man die Anforderungen und Kriterien von beiden Förderungswerken erfüllt.

Es folgt eine Übersicht über die 12 Begabtenförderungswerke und die Stiftung Begabtenförderung berufliche Bildung. Auf der jeweiligen Homepage kann man Folgendes in Erfahrung bringen: welche Zielgruppe bevorzugt gefördert wird, Mindest- und Höchstalter der Bewerber, spezifische Anforderungen an die Stipendiaten, Laufzeit der Förderung, Form der Bewerbung, Bewerbungstermine und besondere Programme der jeweiligen Stiftung. Die Bewerbungsvordrucke können von der Homepage der jeweiligen Institution heruntergeladen werden.

Eine Übersicht über die Tätigkeit aller Förderwerke ist auch unter
www.stipendiumplus.de zu finden.

Konrad-Adenauer-Stiftung

Begabtenförderung und Kultur, Rathausallee 12, 53757 St. Augustin,
Tel. 0 22 41 / 2 46-0, *www.kas.de*

Friedrich-Ebert-Stiftung

Abteilung Studienförderung, Godesberger Allee 149, 53175 Bonn,
Tel. 02 28 / 8 83-0, *www.fes.de*

Friedrich-Naumann-Stiftung für die Freiheit

Abteilung Stipendien, Karl-Marx-Straße 2, 14482 Potsdam, Tel. 03 31 / 70 19-0,
www.freiheit.org

Hanns-Seidel-Stiftung

Lazarettstraße 33, 80636 München, Tel. 0 89 / 12 58-3 00, *www.hss.de*

Heinrich-Böll-Stiftung

Studienwerk, Schumannstraße 8, 10117 Berlin, Tel. 0 30 / 2 85 34-4 00,
www.boell.de

Studienstiftung des deutschen Volkes

Ahrstraße 41, 53175 Bonn, Tel. 02 28 / 8 20 96-0, *www.studienstiftung.de*

Cusanuswerk – Bischöfliche Studienförderung

Baumschulallee 5, 53115 Bonn, Tel. 02 28 / 9 83 84-0, *www.cusanuswerk.de*

Ernst Ludwig Ehrlich Studienwerk

Postfach 120855, 10598 Berlin, Tel. 0 30 / 3 19 98 17 00, *www.eles-studienwerk.de*

Evangelisches Studienwerk Villigst

Iserlohner Straße 25, 58239 Schwerte, Tel. 0 23 04 / 7 55-1 96,
www.evstudienwerk.de

Avicenna-Studienwerk

Kamp 81/83, 49074 Osnabrück, Tel. 05 41 / 5 06 99 14-14,
www.avicenna-studienwerk.de

Hans-Böckler-Stiftung

Abteilung Studienförderung, Hans-Böckler-Straße 39, 40476 Düsseldorf,
Tel. 02 11 / 77 78-0, *www.boeckler.de*

Stiftung der Deutschen Wirtschaft – Studienförderwerk Klaus Murmann

Haus der Deutschen Wirtschaft, Breite Straße 29, 10178 Berlin,
Tel. 0 30 / 20 33-15 40, *www.sdw.org*

Stiftung Begabtenförderung berufliche Bildung gGmbh

Lievelingsweg 102 – 104, 53119 Bonn, Tel. 02 28 / 6 29 31-43, *www.sbb-stipendien.de*

Außer diesen großen und in ganz Deutschland tätigen Förderungswerken gibt es
weitere Stiftungen, die Stipendien und Zuschüsse vergeben, und zwar an folgende
Personengruppen:

- Studierende allgemein
- Studierende einzelner Fächer
- Studierende an bestimmten Hochschulen
- Studierende, die an einem bestimmten Hochschulort studieren
- Studierende, die aus einer bestimmten Region stammen
- Studierende einer bestimmten Konfession
- Studierende, deren Eltern einer bestimmten Berufsgruppe angehören

Diese vielen – zumeist kleineren – Stiftungen, von denen es einige Hundert gibt und
die in der Regel keine volle Studienförderung gewähren, sondern sachlich und zeitlich befristete Vorhaben fördern, wie z. B. einen Auslandsaufenthalt, die Teilnahme an
einer Exkursion, die Anfertigung einer Examensarbeit, können in den Datenbanken
unter *www.stipendienlotse.de* und *www.mystipendium.de* recherchiert werden.

Deutschland-Stipendium

Mit diesem vom Bund und privaten Geldgebern finanzierten Stipendium werden seit
2011 bundesweit mehrere Tausend Studierende mit einem monatlichen Stipendium
unterstützt. Es wird unabhängig vom Einkommen der Eltern oder eigenem Einkommen gewährt, nicht auf das BAföG angerechnet und beträgt 300 Euro im Monat.
150 Euro übernehmen private Förderer, die andere Hälfte der Bund. Die Hochschulen
werben dabei Mittel von privaten Stiftern ein und zahlen den Gesamtbetrag anschließend an die Stipendiaten aus.

Die Stipendien werden für mindestens zwei Semester und maximal bis zum Erreichen der Regelstudienzeit vergeben. Nach jedem Förderjahr prüft die Hochschule, ob die Förderkriterien noch erfüllt sind. Auch das Studium in Master- und Zweitstudiengängen wird unterstützt.

Antragsberechtigt sind Studierende aller Nationalitäten an deutschen Hochschulen. Neben herausragenden Schul- und / oder Studienleistungen wird von den Bewerberinnen und Bewerbern gesellschaftliches Engagement und die Bereitschaft, Verantwortung zu übernehmen, erwartet. Hierzu zählen etwa Aktivitäten in Vereinen, in kirchlichen und politischen Organisationen, in der Familie oder im sozialen Umfeld. Interessenten wenden sich an die zuständige Stelle ihrer Heimathochschule. Sehen Sie hierzu auch: *www.deutschlandstipendium.de*

Studieren mit Kredit

Für »besondere Ausbildungssituationen«, wozu Praktika im In- und Ausland, eine Exkursion oder die Finanzierung teurer Studienmaterialien gehören, kann der sogenannte *Bildungskredit* beantragt werden. Er wird – anders als BAföG – unabhängig vom eigenen Einkommen und Vermögen bzw. dem der Eltern oder des Ehepartners vergeben.

Der Kredit kann für maximal zwei Jahre und mit einer monatlichen Auszahlung von 100, 200 oder 300 Euro gewährt werden (Darlehenshöchstbetrag 7 200 Euro).

Auf Antrag kann die Zahl der Monatsraten reduziert werden, jedoch nicht auf weniger als drei. In diesem Fall kann zu einem späteren Zeitpunkt ein zweiter Kredit bis zur Höhe von 24 Raten beantragt werden. Wird glaubhaft gemacht, dass ein bestimmter Betrag unmittelbar für die Finanzierung eines besonderen Aufwandes benötigt wird, kann neben dem monatlichen Kredit ein Abschlag im Voraus bis zur Höhe von sechs Raten ausgezahlt werden.

Die Antragstellung erfolgt schriftlich beim Bundesverwaltungsamt, Abteilung BT Bildungskredit, 50728 Köln, oder online unter *www.bva.bund.de*, worauf nach Prüfung des Antrags der Student einen Kredit von der KfW-Bankengruppe erhält; ein Vertragsangebot ist dem Bewilligungsbescheid bereits beigefügt, das für einen Monat Gültigkeit hat und dann verfällt.

Von Beginn der Auszahlung an ist der Kredit zu verzinsen. Die Zinsen werden bis zum Beginn der Rückzahlung gestundet. Tilgungsfrei sind die ersten vier Jahre nach Beginn der Auszahlung. Anschließend wird der Kredit in monatlichen Raten zu 120 Euro zurückgezahlt, die vierteljährlich zum Quartalsende eingezogen werden. Eine teilweise oder vollständige vorzeitige Rückzahlung ist ohne zusätzliche Kosten möglich. Ein Teilerlass des Darlehens bei vorzeitiger Rückzahlung wird – anders als beim BAföG – nicht gewährt.

Beantragt werden kann der Bildungskredit von allen Studierenden bis zum Ende des zwölften Studiensemesters, sofern sie die Zwischenprüfung bestanden haben (oder eine Bescheinigung vorlegen, dass in ihrem Studiengang keine vorgesehen ist) oder sie den ersten Teil eines konsekutiven Studiengangs (d. h. einen Bachelorstudiengang) erfolgreich abgeschlossen haben und sich in einem Masterstudiengang befinden.

Auch ausländische Studierende sind – wie beim BAföG – unter bestimmten Bedingungen antragsberechtigt.

Der Bildungskredit kann auch neben dem BAföG in Anspruch genommen werden. Weitere Informationen unter *www.kfw-foerderbank.de* (Pfad »Für Privatpersonen«, dann »Studieren & Qualifizieren«).

Mit dem *Studienkredit* der KfW-Förderbank können Studierende im Erststudium zur Finanzierung ihrer Lebenshaltungskosten pro Monat zwischen 100 und 650 Euro Kredit beantragen. Dieser ist in der Regel auf zehn Fachsemester beschränkt.

Die KfW-Förderbank bietet diesen Studienkredit allen Studierenden zum gleichen Zinssatz an, unabhängig von Studienfach, Studienort, den bisherigen Leistungen, möglichem eigenem Einkommen oder Einkommen der Eltern. Sicherheiten brauchen nicht gestellt zu werden. Der Zinssatz des KfW-Studienkredits ist variabel und wird halbjährlich neu festgelegt.

Die Rückzahlung erfolgt nach Eintritt in das Berufsleben in monatlichen Raten und kann bis auf 25 Jahre gestreckt werden. Sie beginnt frühestens sechs, spätestens 23 Monate nach Auszahlungsende. Möglich ist auch eine außerplanmäßige Rückzahlung. Weiterhin ist eine Kombination mit anderen Studienfinanzierungsformen wie BAföG oder dem o. g. Bildungskredit möglich.

Bedingung ist, dass die Studierenden volljährig und bei Finanzierungsbeginn nicht älter als 30 Jahre sind. Sie müssen als Vollzeitstudierende an einer staatlichen oder staatlich anerkannten Hochschule mit Sitz in Deutschland eingeschrieben sein.

Noch eine wichtige Einschränkung: Einen Studienkredit können nur Studierende mit einer positiven Schufa-Auskunft in Anspruch nehmen. Wer bereits andere Kredite am Laufen hat oder einen negativen Schufa-Eintrag, dessen Antrag kann abgelehnt werden.

Weitere Informationen unter *www.kfw-foerderbank.de* (Pfad »Für Privatpersonen«, dann »Studieren & Qualifizieren«).

Darüber hinaus bieten auch andere Institute Studienkredite an. Interessenten sollten sich zu aktuellen Entwicklungen vor allem auf der Website des Centrums für Hochschulentwicklung Gütersloh unter *www.che.de* informieren und auch deren jeweils neueste Kreditvergleiche lesen. Sehen Sie hierzu:

www.CHE-Studienkredit-Test.de

HINWEIS

Die Entscheidung für oder gegen einen Studienkredit sollte niemals überstürzt getroffen werden. Studierende sollten vorab prüfen, ob für sie nicht BAföG, ein Stipendium oder der staatliche *Studienkredit* infrage kommt.

Der Spagat: Studium und Jobben

Denjenigen, denen BAföG nicht zusteht, die keine Aussicht auf ein Stipendium haben, die keinen Kredit aufnehmen wollen und deren Eltern nicht in der Lage sind, jeden Monat mehrere Hundert Euro für die Ausbildung ihrer Kinder auszugeben, bleibt nichts anderes übrig, als in den Semesterferien oder auch während des Semesters zu arbeiten. So gehen mittlerweile rund 65 Prozent der Studierenden einer Erwerbstätigkeit nach, die in immer stärkerem Maße nicht ausschließlich in den Semesterferien, sondern in gleich hohem Umfang während des Semesters erfolgt.

Die Frage, wie man einen gut bezahlten Job bekommt, ist nicht einfach zu beantworten, da in Zeiten hoher Arbeitslosigkeit auch studentische Jobs rar sind und es, je nachdem, an welchem Ort man studiert, mehr oder weniger studentische Jobs gibt.

Um den Studierenden die Jobsuche zu erleichtern, haben die Arbeitsagenturen an den Hochschulorten eigene Arbeitsvermittlungen für Studierende eingerichtet, die Tagesjobs und längere Beschäftigungsverhältnisse sowohl für die Semesterferien als auch für die Vorlesungszeit vermitteln. Vor allem in den Semesterferien werden Aushilfskräfte vielerorts benötigt.

Im Allgemeinen ist es leichter, eine Arbeit zu finden, wenn fachliche Qualifikationen vorhanden sind. Gefragt sind vor allem Fähigkeiten im Tastaturschreiben und Kenntnisse in moderner Textverarbeitung. Aus diesem Grund sind entsprechende Kurse eine sinnvolle Investition, die nicht nur für die Jobsuche während des Studiums hilfreich ist. Solche Qualifikationen werden auch von vielen Arbeitgebern nach dem Examen erwartet. Viele Hochschulen bieten ihren Studierenden kostenfreie Kurse an.

Was Studierende sonst alles tun oder, besser gesagt, tun müssen, um ihr Studium zu finanzieren, ist vielfältig und manchmal skurril: Arbeit im Restaurant oder Café, in der Fabrik und an der Tankstelle, als Zeitungsausträger, bei Umzügen und auf dem Bau, als Babysitter, Stadtführer, Aufpasser in Museen oder an der Kasse eines Supermarktes. In Hochschulstädten, in denen der Anteil der Studierenden an der Gesamtbevölkerung sehr hoch ist, gibt es kaum eine Tätigkeit, die nicht von Studenten ausgeübt wird.

Auch an den Hochschulen gibt es studentische Jobs, die sowohl für den Geldbeutel als auch für die Ausbildung lohnend sind. Es handelt sich um sogenannte Tutoren- oder studentische Hilfskraftstellen. Unter der Leitung einer Hochschullehrerin oder eines Hochschullehrers darf man Hilfsarbeiten im Forschungs- und Lehrbetrieb ausführen. Solche Stellen sind sehr begehrt und entsprechend rar. Für Studienanfänger kommen sie kaum infrage, da sie zumeist an Studierende vergeben werden, die einen Teil ihres Studiums erfolgreich abgeschlossen haben.

Ausgaben minimieren: Vergünstigungen für Studierende

Der Status als Student oder Studentin bringt eine Reihe von finanziellen Vorteilen. Manchen Zeitgenossen erscheinen diese Vergünstigungen so groß, dass sie von einer vom Staat privilegierten Gruppe sprechen. Diese Ansicht ist zweifellos einseitig und unhaltbar. Da Studierende, im Gegensatz zu Auszubildenden, keine Ausbildungsvergütung bekommen und bei vielen Studenten die Studienfinanzierung auf unsicheren Beinen steht und selbst bei einer vollen Finanzierung durch die Eltern die Abhängigkeit groß ist, brauchen Studierende Vergünstigungen, die andere Gruppen der Gesellschaft nicht benötigen.

Der Nachweis für den Status als Student/-in ist der Studentenausweis. Mit diesem Ausweis ist eine Reihe von Vorteilen verbunden, die man erst einmal nicht vermuten würde:

- Man hat die Berechtigung, sich für ein studentisches Wohnheimzimmer oder -apartment zu bewerben, das preislich günstiger ist als Zimmer oder Wohnungen auf dem freien Wohnungsmarkt.

- Bei Vorlage des Studentenausweises kann man in der Mensa und in den Cafeterien der Hochschule preisgünstiger essen und trinken, als dies in einem Restaurant möglich ist.

- Der Studentenausweis berechtigt in vielen Städten, mit Bahnen und Bussen sowie bei Heimfahrten zu einem studentischen Tarif zu fahren. Oder es wird die Berechtigung erworben, mit Zahlung des Sozialbeitrags kostenfrei die Verkehrsmittel im und rund um den Hochschulort zu nutzen.

- An fast allen Hochschulorten gibt es für Studierende ermäßigte Preise für Theater, Konzerte, Museen und mancherorts auch fürs Kino.

- Wer einen Studentenausweis hat, kann sich einen Internationalen Studentenausweis ausstellen lassen, der viele Vorteile bei Reisen im Ausland bringt.

- Studierende können die Sporteinrichtungen der Hochschule kostenfrei oder gegen geringe Gebühr nutzen.

- Es gibt Kreditinstitute, die die Konten ihrer studentischen Kunden kostenfrei oder gegen geringere Gebühr führen.

- Manche Zeitungs- und Zeitschriftenverlage bieten preisgünstige Studentenabonnements an.

- Die studentische Kranken- und Pflegeversicherung ist preislich günstiger als die Tarife für Berufstätige.

- In manchen Städten besteht für Studierende die Möglichkeit, einen sogenannten Sozialausweis zu beantragen, mit dem man innerhalb der Stadt weitere Vergünstigungen hat.

Wir dürfen auch eine Vergünstigung nicht vergessen, die so selbstverständlich ist, dass man sie nicht als Vergünstigung sieht: Die Tatsache nämlich, dass in einer Stadt Studenten studieren und leben, führt dazu, dass Geschäfte auf studentische Geldbeutel zugeschnittene Waren und Dienstleistungen anbieten, die es in Orten ohne Studierende nicht gibt.

Auch hat man als Student günstige Konditionen für die Krankenversicherung. Insgesamt stehen den Studierenden, die nach den gesetzlichen Bestimmungen krankenversichert sein müssen, vier Möglichkeiten offen:

1. Kostenlose Mitversicherung in der gesetzlichen Krankenversicherung der Eltern (oder des Ehepartners): Diese Möglichkeit der sogenannten Familienversicherung

besteht aber nur bis zum 25. Lebensjahr. Wer über seinen Ehepartner (oder eingetragenen Lebenspartner) versichert ist, für den gilt diese Altersgrenze nicht. Studenten dürfen hierbei bestimmte Verdienstgrenzen beim studentischen Jobben jedoch nicht überschreiten. In einem Minijob etwa darf der Verdienst 450 Euro monatlich nicht übersteigen.

2. Eigene studentische Krankenversicherung bei einem gesetzlichen Krankenversicherungsunternehmen: Die Kosten betragen pro Monat derzeit 66,38 Euro. Hinzu kommen Beiträge zur Pflegeversicherung von 14,03 Euro pro Monat. Eine solche Krankenversicherung kann bis zum Ende des 14. Fachsemesters oder bis zur Vollendung des 30. Lebensjahres genutzt werden.

3. Hat man die o. g. Höchstgrenzen der gesetzlichen Krankenversicherung überschritten, besteht die Möglichkeit, sich freiwillig weiterzuversichern bis zu einer Dauer von sechs Monaten im direkten Anschluss. Der Tarif richtet sich nach der finanziellen Leistungsfähigkeit des freiwilligen Mitgliedes (etwa derzeit bei einem Einkommen unter 945 Euro brutto monatlich 104,14 Euro Krankenversicherung und 24,57 Euro Pflegeversicherung).

4. Eigene studentische Versicherung bei einem privaten Krankenversicherungsunternehmen: Die Kosten pro Monat sind abhängig von verschiedenen Faktoren, u. a. dem Eintrittsalter, dem gewählten Leistungsumfang und von der Selbstbeteiligung. Hinzu kommt noch die private Pflegeversicherung.

Studierende, die bis zum Beginn des Studiums Mitglied einer privaten Krankenversicherung waren, müssen sich zu Beginn des Studiums entscheiden, ob sie sich für die Dauer des Studiums bei einer gesetzlichen Krankenversicherung oder privat versichern wollen. Diese Entscheidung gilt für die Dauer des Studiums und ist nicht widerrufbar.

Wer während der Vorlesungszeit mehr als 20 Wochenstunden arbeitet oder beim Einkommen den Jahresgrundfreibetrag (2016: 8 652 Euro) überschreitet, kann den studentischen Tarif nicht mehr in Anspruch nehmen und muss Arbeitnehmerbeiträge entrichten.

Bücher und Websites zum Weiterlesen

1000 Wege nach dem Abitur versteht sich als Basisbuch für Abiturienten. Einige Aspekte sollten allerdings noch vertieft werden. Wir geben Ihnen nachfolgend eine Übersicht über informative Bücher und Websites:

Ausbildungsberufe

berufenet.arbeitsagentur.de
Berufe-Datenbank der Arbeitsagentur mit umfassenden Infos zu Ausbildungsberufen und Berufsfachschulausbildungen

Bewerbung um den Ausbildungsplatz

Jürgen Hesse, Hans Christian Schrader, *Die perfekte Bewerbungsmappe für Ausbildungsplatzsuchende. Mit den besten Beispielen erfolgreicher Kandidaten* (mit allen Beispielen zum Herunterladen und Bearbeiten)

Jürgen Hesse, Hans Christian Schrader, *Der Testknacker. Einstellungstests verstehen und lösen*

Jürgen Hesse, Hans Christian Schrader, *Testtraining 2000plus. Einstellungs- und Eignungstests erfolgreich bestehen* (mit interaktivem eBook)

Berufs- und Studienfachwahl

Dr. Dieter Herrmann, Dr. Angela Verse-Herrmann, Joachim Edler, *Der große Berufs- wahltest. So entscheide ich mich richtig*

Dr. Dieter Herrmann, Dr. Angela Verse-Herrmann, *Der große Studienwahltest. So entscheide ich mich für das richtige Studienfach*

Dr. Dieter Herrmann, Dr. Angela Verse-Herrmann, *Studieren, aber was? Die richtige Studienwahl für optimale Berufsperspektiven*

Studien- und Berufswahl 2015 / 2016, hrsg. von den Ländern der
Bundesrepublik Deutschland und der Bundesagentur für Arbeit
(wird in den Schulen an Oberstufenschüler kostenlos verteilt)

Hochschulauswahlverfahren

Dr. Dieter Herrmann, Dr. Angela Verse-Herrmann, *Erfolgreich bewerben an Hochschulen. So bekommen Sie Ihren Wunschstudienplatz*

Felix Segger, Werner Zurowetz, *Training TMS. Der Medizinertest*

Berufsakademien / Duales Studium

www.ausbildungplus.de

Studienfinanzierung

studentenwerke.de
Unter »Studienfinanzierung« umfassende Informationen zum BAföG

www.bafoeg.bmbf.de
BAföG-Informationen

www.stipendienlotse.de
Stipendiendatenbank mit vielen Stiftungen, die Studierende fördern

www.stipendiumplus.de
Überblick über die 13 Begabtenförderungswerke, die Studienstipendien
vergeben

www.deutschlandstipendium.de
Förderung mit dem Deutschland-Stipendium

Hochschulen in Deutschland mit Internetadressen

Die Hochschulen sind im Folgenden nach Bundesländern und dann in alphabetischer Reihenfolge nach Städten aufgeführt. Wenn Sie sehen möchten, wo genau die Hochschulorte jeweils liegen, hilft eine Blick auf die Karte*, die wir als Online Content für Sie bereitstellen:

 http://qrcode.stark-verlag.de/E10498-06

BADEN-WÜRTTEMBERG

Aalen

Hochschule Aalen
www.hs-aalen.de

Albstadt

Hochschule Albstadt-Sigmaringen
www.hs-albsig.de

Biberach

Hochschule Biberach
www.hochschule-biberach.de

Calw

SRH Hochschule für Wirtschaft
und Medien Calw
www.hochschule-calw.de

Esslingen

Hochschule Esslingen
www.hs-esslingen.de

Freiburg

Albert-Ludwigs-Universität
Freiburg
www.uni-freiburg.de

Pädagogische Hochschule Freiburg
www.ph-freiburg.de

Evangelische Hochschule Freiburg
www.eh-freiburg.de

Katholische Hochschule Freiburg
www.kh-freiburg.de

Hochschule für Musik Freiburg
www.mh-freiburg.de

* Google Maps, Kartendaten © 2016 GeoBasis-DE/BKG (©2009), Google, Inst. Geogr. Nacional

Friedrichshafen

Zeppelin-Universität
www.zu.de

Furtwangen

Hochschule Furtwangen
www.hs-furtwangen.de

Heidelberg

Universität Heidelberg
www.uni-heidelberg.de

Pädagogische Hochschule Heidelberg
www.ph-heidelberg.de

Hochschule für Jüdische Studien
Heidelberg
www.hfjs.eu

SRH Hochschule Heidelberg
www.hochschule-heidelberg.de

Hochschule für Kirchenmusik
der Evangelischen Landeskirche
in Baden
www.hfk-heidelberg.de

Heidenheim

Duale Hochschule Baden-
Württemberg Heidenheim
www.dhbw-heidenheim.de

Heilbronn

Hochschule Heilbronn
www.hs-heilbronn.de

Hohenheim

Universität Hohenheim
www.uni-hohenheim.de

Isny

Naturwissenschaftlich-Technische
Akademie
Prof. Dr. Grübler gGmbH
Staatlich anerkannte Fachhochschule
und Berufskollegs
www.nta-isny.de

Karlsruhe

Karlsruher Institut für Technologie
www.kit.edu

Pädagogische Hochschule Karlsruhe
www.ph-karlsruhe.de

Staatliche Akademie der
Bildenden Künste Karlsruhe
www.kunstakademie-karlsruhe.de

Hochschule für Musik Karlsruhe
www.hfm-karlsruhe.de

Staatliche Hochschule für
Gestaltung Karlsruhe
www.hfg-karlsruhe.de

Hochschule Karlsruhe
Technik und Wirtschaft
www.hs-karlsruhe.de

Duale Hochschule Baden-
Württemberg Karlsruhe
www.dhbw-karlsruhe.de

Konstanz

Universität Konstanz
www.uni-konstanz.de

Hochschule Konstanz
Technik, Wirtschaft und Gestaltung
www.htwg-konstanz.de

Ludwigsburg

Pädagogische Hochschule
Ludwigsburg
www.ph-ludwigsburg.de

Filmakademie Baden-Württemberg
www.filmakademie.de

Evangelische Hochschule
Ludwigsburg
www.eh-ludwigsburg.de

Akademie für Darstellende Kunst
Baden-Württemberg
www.adk-bw.de

Mannheim

Universität Mannheim
www.uni-mannheim.de

Hochschule für Musik und
Darstellende Kunst Mannheim
www.muho-mannheim.de

Hochschule Mannheim
www.hs-mannheim.de

Popakademie Baden-Württemberg
www.pop-akademie.de

Duale Hochschule Baden-
Württemberg Mannheim
www.dhbw-mannheim.de

Mosbach

Duale Hochschule
Baden-Württemberg Mosbach
www.mosbach.dhbw.de

Nürtingen

Hochschule für Wirtschaft und Umwelt
Nürtingen-Geislingen
www.hfwu.de

Offenburg

Hochschule für Technik,
Wirtschaft und Medien Offenburg
www.hs-offenburg.de

Pforzheim

Hochschule Pforzheim
www.hs-pforzheim.de

Ravensburg

Hochschule Ravensburg-Weingarten
www.hs-weingarten.de

Duale Hochschule Baden-
Württemberg Ravensburg
www.ravensburg.dhbw.de

Reutlingen

Hochschule Reutlingen
www.reutlingen-university.de

Riedlingen

SRH Fernhochschule Riedlingen
www.fh-riedlingen.de

Rottenburg

Hochschule für Forstwirtschaft
Rottenburg
www.hs-rottenburg.net

Hochschule für Kirchenmusik der
Diözese Rottenburg-Stuttgart
www.kirchenmusik-hochschule.org

Schwäbisch Gmünd

Pädagogische Hochschule
Schwäbisch Gmünd
www.ph-gmuend.de

Hochschule für Gestaltung
Schwäbisch Gmünd
www.hfg-gmuend.de

Sigmaringen

Hochschule Albstadt-Sigmaringen
www.hs-albsig.de

Stuttgart

Universität Stuttgart
www.uni-stuttgart.de

Universität Hohenheim
www.uni-hohenheim.de

Staatliche Akademie der Bildenden
Künste Stuttgart
www.abk-stuttgart.de

Staatliche Hochschule für Musik und
Darstellende Kunst Stuttgart
www.mh-stuttgart.de

Hochschule für Technik Stuttgart
www.hft-stuttgart.de

Hochschule der Medien Stuttgart
www.hdm-stuttgart.de

Merz Akademie. Hochschule
für Gestaltung, Kunst und Medien
Stuttgart
www.merz-akademie.de

Freie Hochschule Stuttgart –
Seminar für Waldorfpädagogik
www.freie-hochschule-stuttgart.de

Duale Hochschule
Baden-Württemberg Stuttgart
www.dhbw-stuttgart.de

Trossingen

Staatliche Hochschule für Musik
Trossingen
www.mh-trossingen.de

Tübingen

Eberhard Karls Universität
Tübingen
www.uni-tuebingen.de

Hochschule für Kirchenmusik
der Evangelischen Landeskirche
in Württemberg
www.kirchenmusikhochschule.de

Ulm

Universität Ulm
www.uni-ulm.de

Hochschule Ulm
hs-ulm.de

Villingen-Schwenningen

Duale Hochschule
Baden-Württemberg
Villingen-Schwenningen
www.dhbw-vs.de

Weingarten

Pädagogische Hochschule Weingarten
www.ph-weingarten.de

Hochschule Ravensburg-Weingarten
Technik / Wirtschaft / Sozialwesen
www.hs-weingarten.de

BAYERN

Amberg

Ostbayerische Technische Hochschule
Amberg-Weiden
www.oth-aw.de

Ansbach

Hochschule für angewandte Wissenschaften Ansbach
www.hs-ansbach.de

Aschaffenburg

Hochschule Aschaffenburg
www.h-ab.de

Augsburg

Universität Augsburg
www.uni-augsburg.de

Hochschule für angewandte
Wissenschaften Augsburg
www.hs-augsburg.de

Bamberg

Otto-Friedrich-Universität Bamberg
www.uni-bamberg.de

Fachhochschule des Mittelstands
(FHM) GmbH – University of Applied
Sciences, Campus Bamberg
*www.fh-mittelstand.de/campus_bam-
berg*

Bayreuth

Universität Bayreuth
www.uni-bayreuth.de

Hochschule für evangelische Kirchenmusik der Evangelisch-Lutherischen
Kirche in Bayern
www.hfk-bayreuth.de

Benediktbeuern

Philosophisch-Theologische Hochschule der Salesianer Don Boscos
www.pth-bb.de

Katholische Stiftungsfachhochschule
München,
Abteilung Benediktbeuern
www.ksfh.de

Coburg

Hochschule für angewandte
Wissenschaften Coburg
www.hs-coburg.de

Deggendorf

THD Technische Hochschule
Deggendorf
www.th-deg.de

Eichstätt

Katholische Universität
Eichstätt-Ingolstadt
www.ku-eichstaett.de

Erlangen

Friedrich-Alexander-Universität
Erlangen-Nürnberg
www.fau.de

Freising

Hochschule Weihenstephan-Triesdorf
www.hswt.de

Hof

Hochschule Hof
www.hof-university.de

Ingolstadt

Technische Hochschule Ingolstadt
www.thi.de

Kempten

Hochschule für angewandte
Wissenschaften Kempten
www.hochschule-kempten.de

Landshut

Hochschule für angewandte
Wissenschaften Landshut
www.haw-landshut.de

München

Ludwig-Maximilians-Universität
München
www.uni-muenchen.de

Technische Universität München
www.tum.de

Universität der Bundeswehr München
www.unibw.de

Akademie der Bildenden Künste
München
www.adbk.de

Hochschule für Musik und Theater
München
www.musikhochschule-muenchen.de

Hochschule für Fernsehen und Film München
www.hff-muenchen.de

Hochschule für Philosophie München
www.hfph.de

Hochschule für Politik München an der Technischen Universität München
www.hfp.tum.de

Hochschule für angewandte Wissenschaften München
www.hm.edu

Katholische Stiftungsfachhochschule München
www.ksfh.de

Neu-Ulm

Hochschule Neu-Ulm
www.hs-neu-ulm.de

Neuendettelsau

Augustana-Hochschule der Evangelisch-Lutherischen Kirche in Bayern
www.augustana.de

Nürnberg

Friedrich-Alexander-Universität Erlangen-Nürnberg
www.fau.de

Akademie der Bildenden Künste in Nürnberg
www.adbk-nuernberg.de

Hochschule für Musik Nürnberg
www.hfm-nuernberg.de

Technische Hochschule Nürnberg Georg Simon Ohm
www.th-nuernberg.de

Evangelische Hochschule Nürnberg
www.evhn.de

Passau

Universität Passau
www.uni-passau.de

Regensburg

Universität Regensburg
www.uni-regensburg.de

Ostbayerische Technische Hochschule Regensburg
www.hs-regensburg.de

Hochschule für katholische Kirchenmusik und Musikpädagogik Regensburg
www.hfkm-regensburg.de

Rosenheim

Hochschule Rosenheim
www.fh-rosenheim.de

Weihenstephan (Freising)

Hochschule Weihenstephan-Triesdorf
www.hswt.de

Würzburg

Julius-Maximilians-Universität
Würzburg
www.uni-wuerzburg.de

Hochschule für Musik Würzburg
www.hfm-wuerzburg.de

Hochschule für angewandte
Wissenschaften
Würzburg-Schweinfurt
www.fhws.de

BERLIN

Freie Universität Berlin
www.fu-berlin.de

Humboldt-Universität zu Berlin
www.hu-berlin.de

Technische Universität Berlin
www.tu-berlin.de

Universität der Künste Berlin
www.udk-berlin.de

Kunsthochschule Berlin-Weißensee
www.kh-berlin.de

Hochschule für Musik »Hanns Eisler«
Berlin
www.hfm-berlin.de

Hochschule für Schauspielkunst
»Ernst Busch«
www.hfs-berlin.de

BTK – Hochschule für Gestaltung
www.btk-fh.de

Alice Salomon Hochschule Berlin
www.ash-berlin.eu

Evangelische Hochschule Berlin
www.eh-berlin.de

Katholische Hochschule für
Sozialwesen Berlin
www.khsb-berlin.de

Beuth Hochschule für Technik Berlin
www.beuth-hochschule.de

Hochschule für Technik und
Wirtschaft Berlin
www.htw-berlin.de

Hochschule für Wirtschaft und Recht
Berlin
www.hwr-berlin.de

SRH Hochschule Berlin
www.srh-hochschule-berlin.de

Steinbeis-Hochschule Berlin
*www.steinbeis.de/de/experten/steinbeis-
hochschule-berlin.html*

ESCP Europe, Campus Berlin
www.escpeurope.eu/de

Design Akademie Berlin – SRH Hochschule für Kommunikation und Design
www.design-akademie-berlin.de

MEDIADESIGN Hochschule für Design
und Informatik
www.mediadesign.de

HMKW Hochschule für Medien, Kommunikation und Wirtschaft
www.hmkw.de

bbw Hochschule
www.bbw-hochschule.de

BRANDENBURG

Brandenburg

Technische Hochschule Brandenburg
www.th-brandenburg.de

Cottbus

Brandenburgische Technische Universität Cottbus-Senftenberg
www.b-tu.de

Eberswalde

Hochschule für nachhaltige Entwicklung Eberswalde
www.hnee.de

Frankfurt (Oder)

Europa-Universität Viadrina Frankfurt (Oder)
www.europa-uni.de

Neuruppin

Medizinische Hochschule Brandenburg Theodor Fontane
www.mhb-fontane.de

Potsdam

Universität Potsdam
www.uni-potsdam.de

Filmuniversität Babelsberg Konrad Wolf
www.filmuniversitaet.de

Fachhochschule Potsdam
www.fh-potsdam.de

Wildau

Technische Hochschule Wildau
www.tfh-wildau.de

BREMEN

Bremen

Universität Bremen
www.uni-bremen.de

Jacobs University Bremen
www.jacobs-university.de

Hochschule Bremen
www.hs-bremen.de

Hochschule für Künste Bremen
www.hfk-bremen.de

Bremerhaven

Hochschule Bremerhaven
www.hs-bremerhaven.de

HAMBURG

Universität Hamburg
www.uni-hamburg.de

Technische Universität
Hamburg
www.tuhh.de

Helmut-Schmidt-Universität –
Universität der Bundeswehr Hamburg
www.hsu-hh.de

HafenCity Universität Hamburg –
Universität für Baukunst und
Metropolenentwicklung
www.hcu-hamburg.de

Bucerius Law School.
Hochschule für Rechtswissenschaft
www.law-school.de

Hochschule für Angewandte
Wissenschaften Hamburg
www.haw-hamburg.de

Evangelische Hochschule für
Soziale Arbeit & Diakonie
www.ev-hochschule-hh.de

Hochschule für bildende Künste
Hamburg
www.hfbk-hamburg.de

Hochschule für Musik und Theater
www.hfmt-hamburg.de

Europäische Fernhochschule
Hamburg
www.euro-fh.de

HFH Hamburger Fern-Hochschule
www.hamburger-fh.de

HESSEN

Bad Homburg

accadis Hochschule Bad Homburg
www.accadis.com

Bad Sooden-Allendorf

Diploma. Private staatlich anerkannte
Hochschule
www.diploma.de

Darmstadt

Technische Universität Darmstadt
www.tu-darmstadt.de

Hochschule Darmstadt
www.h-da.de

Evangelische Hochschule
Darmstadt
www.eh-darmstadt.de

Wilhelm Büchner Hochschule
Private Fernhochschule Darmstadt
www.wb-fernstudium.de

Frankfurt (Main)

Goethe-Universität Frankfurt am Main
www.uni-frankfurt.de

Frankfurt University of Applied
Sciences
www.frankfurt-university.de

Frankfurt School of Finance &
Management
www.frankfurt-school.de

Staatliche Hochschule für Bildende
Künste – Städelschule
www.staedelschule.de

Hochschule für Musik und
Darstellende Kunst Frankfurt a. M.
www.hfmdk-frankfurt.info

Philosophisch-Theologische
Hochschule Sankt Georgen
www.sankt-georgen.de

Provadis School of International
Management and Technology
www.provadis-hochschule.de

Fulda

Hochschule Fulda
www.hs-fulda.de

Theologische Fakultät Fulda
thf-fulda.de

Geisenheim

Hochschule Geisenheim University
www.hs-geisenheim.de

Gießen

Justus-Liebig-Universität Gießen
www.uni-giessen.de

Technische Hochschule Mittelhessen
www.thm.de

Idstein

Hochschule Fresenius
www.hs-fresenius.de

Kassel

Universität Kassel
www.uni-kassel.de

Marburg

Philipps-Universität Marburg
www.uni-marburg.de

Oberursel

Lutherische Theologische
Hochschule Oberursel
lthh.de

Oestrich-Winkel

EBS Universität für Wirtschaft
und Recht
www.ebs.edu

Offenbach

Hochschule für Gestaltung
Offenbach am Main
www.hfg-offenbach.de

Wiesbaden

EBS Universität für Wirtschaft und
Recht
www.ebs.edu

Hochschule RheinMain
Wiesbaden / Rüsselsheim
www.hs-rm.de

Stralsund

Fachhochschule Stralsund
www.fh-stralsund.de

Wismar

Hochschule Wismar
www.hs-wismar.de

MECKLENBURG-VORPOMMERN

Greifswald

Ernst-Moritz-Arndt-Universität
Greifswald
www.uni-greifswald.de

Neubrandenburg

Hochschule Neubrandenburg
www.hs-nb.de

Rostock

Universität Rostock
www.uni-rostock.de

Hochschule für Musik und
Theater Rostock
www.hmt-rostock.de

Schwerin

Fachhochschule des Mittelstands
(FHM) GmbH – University of Applied
Sciences, Campus Schwerin
www.baltic-college.de

NIEDERSACHSEN

Braunschweig

Technische Universität Braunschweig
www.tu-braunschweig.de

Ostfalia Hochschule für angewandte
Wissenschaften
Hochschule Braunschweig /
Wolfenbüttel
www.ostfalia.de

Hochschule für Bildende
Künste Braunschweig
www.hbk-bs.de

Buxtehude

Hochschule 21
www.hs21.de

Clausthal

Technische Universität Clausthal
www.tu-clausthal.de

Göttingen

Georg-August-Universität Göttingen
www.uni-goettingen.de

PFH – Private Hochschule Göttingen
www.pfh.de

Hannover

Gottfried Wilhelm Leibniz
Universität Hannover
www.uni-hannover.de

Medizinische Hochschule Hannover
www.mh-hannover.de

Stiftung Tierärztliche Hochschule
Hannover
www.tiho-hannover.de

Hochschule für Musik, Theater
und Medien Hannover
www.hmtm-hannover.de

Hochschule Hannover
www.hs-hannover.de

Hildesheim

Stiftung Universität Hildesheim
www.uni-hildesheim.de

Hochschule für angewandte
Wissenschaft und Kunst
Hildesheim / Holzminden / Göttingen
www.hawk-hhg.de

Lüneburg

Leuphana Universität Lüneburg
www.leuphana.de

Oldenburg

Carl von Ossietzky Universität
Oldenburg
www.uni-oldenburg.de

Jade Hochschule Wilhelmshaven /
Oldenburg / Elsfleth
www.jade-hs.de

Osnabrück

Universität Osnabrück
www.uni-osnabrueck.de

Hochschule Osnabrück
www.hs-osnabrueck.de

Ottersberg

Hochschule für Künste im Sozialen,
Ottersberg
www.hks-ottersberg.de

Vechta

Universität Vechta
www.uni-vechta.de

Private Hochschule für Wirtschaft und
Technik Vechta / Diepholz / Oldenburg
(PHWT)
www.phwt.de

Wilhelmshaven

Jade Hochschule / Wilhelmshaven /
Oldenburg / Elsfleth
www.jade-hs.de

Wolfenbüttel

Ostfalia – Hochschule für
angewandte Wissenschaften
Hochschule Braunschweig /
Wolfenbüttel
www.ostfalia.de

NORDRHEIN-WESTFALEN

Aachen

Rheinisch-Westfälische Technische
Hochschule Aachen
www.rwth-aachen.de

Fachhochschule Aachen
www.fh-aachen.de

Alfter

Alanus Hochschule
für Kunst und Gesellschaft
www.alanus.edu

Bad Honnef

IUBH School of Business and
Management
Campus Bad Honnef-Bonn
www.iubh.de/de

Bergisch Gladbach

FHDW Fachhochschule der Wirtschaft
Nordrhein-Westfalen
www.fhdw.de

Bethel

Kirchliche Hochschule
Wuppertal / Bethel
Hochschule für Kirche und Diakonie
www.kiho-wb.de

Bielefeld

Universität Bielefeld
www.uni-bielefeld.de

Fachhochschule Bielefeld
www.fh-bielefeld.de

Fachhochschule des
Mittelstands (FHM)
www.fh-mittelstand.de

FHDW Fachhochschule der
Wirtschaft Nordrhein-Westfalen
www.fhdw.de

Fachhochschule der Diakonie
www.fhdd.de

Bochum

Ruhr-Universität Bochum
www.ruhr-uni-bochum.de

Hochschule Bochum
www.hochschule-bochum.de

Technische Hochschule
Georg Agricola
www.thga.de

Evangelische Hochschule
Rheinland-Westfalen-Lippe
www.evh-bochum.de

EBZ Business School
www.ebz-business-school.de

Bonn

Rheinische Friedrich-
Wilhelms-Universität Bonn
www.uni-bonn.de

Hochschule Bonn-Rhein-Sieg
www.h-brs.de/de

Brühl

Europäische Fachhochschule
www.eufh.de

Detmold

Hochschule für Musik
www.hfm-detmold.de

Dortmund

Technische Universität Dortmund
www.tu-dortmund.de

Fachhochschule Dortmund
www.fh-dortmund.de

International School of Management
(ISM)
www.ism.de

Düsseldorf

Heinrich-Heine-Universität
Düsseldorf
www.uni-duesseldorf.de

Kunstakademie Düsseldorf
www.kunstakademie-duesseldorf.de

Robert Schumann Hochschule
Düsseldorf
www.rsh-duesseldorf.de

Hochschule Düsseldorf
www.hs-duesseldorf.de

Duisburg

Universität Duisburg-Essen
www.uni-due.de

Essen

Universität Duisburg-Essen
www.uni-due.de

Folkwang Universität der Künste
www.folkwang-uni.de

FOM Hochschule für Oekonomie &
Management
www.fom.de

Gelsenkirchen

Westfälische Hochschule
www.w-hs.de

Hagen

FernUniversität in Hagen
www.fernuni-hagen.de

Hamm

Hochschule Hamm-Lippstadt
www.hshl.de

SRH Hochschule für Logistik und
Wirtschaft
www.fh-hamm.de

Herford

Hochschule für Kirchenmusik der
Evangelischen Kirche von Westfalen
www.hochschule-herford.de

Iserlohn

Fachhochschule Südwestfalen
fh-swf.de

BiTS Business and Information
Technology School
www.bits-hochschule.de

Kleve

Hochschule Rhein-Waal
www.hochschule-rhein-waal.de

Köln

Universität zu Köln
www.uni-koeln.de

Deutsche Sporthochschule Köln
www.dshs-koeln.de

Hochschule für Musik und Tanz Köln
www.mhs-koeln.de

TH Köln
www.th-koeln.de

Rheinische Fachhochschule Köln
www.rfh-koeln.de

Kunsthochschule für Medien Köln
www.khm.de

Hochschule Fresenius für Wirtschaft
und Medien
www.hs-fresenius.de

Katholische Hochschule
Nordrhein-Westfalen,
Abteilung Köln
www.katho-nrw.de

Krefeld

Hochschule Niederrhein
www.hs-niederrhein.de

Lemgo

Hochschule Ostwestfalen-Lippe
www.hs-owl.de

Mülheim an der Ruhr

Hochschule Ruhr West
www.hochschule-ruhr-west.de

Münster

Westfälische Wilhelms-Universität
Münster
www.uni-muenster.de

Kunstakademie Münster
Hochschule für bildende Künste
www.kunstakademie-muenster.de

Philosophisch-Theologische
Hochschule Münster
www.pth-muenster.de

Fachhochschule Münster
www.fh-muenster.de

Katholische Hochschule
Nordrhein-Westfalen
www.katho-nrw.de

Paderborn

Universität Paderborn
www.uni-paderborn.de

Theologische Fakultät Paderborn
www.thf-paderborn.de

FHDW Fachhochschule der
Wirtschaft Nordrhein-Westfalen
www.fhdw.de

Sankt Augustin

Philosophisch-Theologische
Hochschule SVD St. Augustin
www.pth-augustin.eu

Hochschule Bonn-Rhein-Sieg
www.h-brs.de

Siegen

Universität Siegen
www.uni-siegen.de

Witten

Private Universität Witten / Herdecke
www.uni-wh.de

Wuppertal

Bergische Universität Wuppertal
www.uni-wuppertal.de

Kirchliche Hochschule
Wuppertal / Bethel.
Hochschule für Kirche und Diakonie
kiho-wb.de

RHEINLAND-PFALZ

Bingen

Technische Hochschule Bingen
www.th-bingen.de

Kaiserslautern

Technische Universität Kaiserslautern
www.uni-kl.de

Hochschule Kaiserslautern
www.hs-kl.de

Koblenz

Universität Koblenz-Landau
www.uni-koblenz-landau.de

Hochschule Koblenz
www.hs-koblenz.de

Landau

Universität Koblenz-Landau
www.uni-koblenz-landau.de

Ludwigshafen

Hochschule Ludwigshafen
am Rhein
www.hs-lu.de

Mainz

Johannes Gutenberg-Universität Mainz
www.uni-mainz.de

Hochschule Mainz
www.hs-mainz.de

Katholische Hochschule Mainz
www.kh-mz.de

Trier

Universität Trier
www.uni-trier.de

Theologische Fakultät Trier
www.uni-trier.de/index.php?id=41977

Hochschule Trier
Trier University of Applied Sciences
www.hochschule-trier.de

Vallendar

Philosophisch-Theologische
Hochschule Vallendar
www.pthv.de

WHU – Otto Beisheim School
of Management
www.whu.edu

Worms

Hochschule Worms
www.hs-worms.de

SAARLAND

Saarbrücken

Universität des Saarlandes
www.uni-saarland.de

Hochschule der Bildenden Künste Saar
www.hbksaar.de

Hochschule für Musik Saar
www.hfm.saarland.de

Hochschule für Technik und
Wirtschaft des Saarlandes
www.htwsaar.de

SACHSEN

Chemnitz

Technische Universität Chemnitz
www.tu-chemnitz.de

Dresden

Technische Universität Dresden
tu-dresden.de

Dresden International University
www.di-uni.de

Hochschule für Technik und
Wirtschaft Dresden
www.htw-dresden.de

Evangelische Hochschule Dresden
www.ehs-dresden.de

Hochschule für Bildende Künste
Dresden
www.hfbk-dresden.de

Hochschule für Kirchenmusik Dresden
www.kirchenmusik-dresden.de

Hochschule für Musik
»Carl Maria von Weber« Dresden
www.hfmdd.de

Palucca Hochschule für Tanz Dresden
www.palucca.eu

Freiberg
Technische Universität
Bergakademie Freiberg
tu-freiberg.de

Görlitz
Hochschule Zittau/Görlitz
www.hszg.de

Leipzig
Universität Leipzig
www.zv.uni-leipzig.de

HHL – Leipzig Graduate School
of Management
www.hhl.de

Hochschule für Musik und Theater
»Felix Mendelssohn Bartholdy«
Leipzig
www.hmt-leipzig.de

Hochschule für Grafik und
Buchkunst Leipzig
www.hgb-leipzig.de

Hochschule für Technik, Wirtschaft
und Kultur Leipzig
www.htwk-leipzig.de

Hochschule für Telekommunikation
Leipzig
www.hft-leipzig.de

Mittweida
Hochschule Mittweida
www.hs-mittweida.de

Moritzburg
Evangelische Hochschule
Moritzburg
www.fhs-moritzburg.de

Zittau
Internationales Hochschulinstitut
Zittau
tu-dresden.de/ihi-zittau

Hochschule Zittau / Görlitz
www.hszg.de

Zwickau
Westsächsische Hochschule Zwickau
www.fh-zwickau.de

SACHSEN-ANHALT

Anhalt

Hochschule Anhalt
www.hs-anhalt.de

Friedensau

Theologische Hochschule Friedensau
www.thh-friedensau.de

Halle

Martin-Luther-Universität
Halle-Wittenberg
www.uni-halle.de

Evangelische Hochschule für
Kirchenmusik Halle an der Saale
www.ehk-halle.de

Burg Giebichenstein
Kunsthochschule Halle
www.burg-halle.de

Köthen

Hochschule Anhalt
www.hs-anhalt.de

Magdeburg

Otto-von-Guericke-Universität
Magdeburg
www.uni-magdeburg.de

Hochschule Magdeburg-
Stendal
www.hs-magdeburg.de

Merseburg

Hochschule Merseburg
www.hs-merseburg.de

Wernigerode

Hochschule Harz. Hochschule für
angewandte Wissenschaften
www.hs-harz.de

SCHLESWIG-HOLSTEIN

Elmshorn

Nordakademie. Hochschule der
Wirtschaft
www.nordakademie.de

Flensburg

Universität Flensburg
www.uni-flensburg.de

Hochschule Flensburg
www.hs-flensburg.de

Heide

Fachhochschule Westküste
www.fh-westkueste.de

Kiel

Christian-Albrechts-Universität zu Kiel
www.uni-kiel.de

Fachhochschule Kiel
www.fh-kiel.de

Muthesius Kunsthochschule
muthesius-kunsthochschule.de

Lübeck

Universität zu Lübeck
www.uni-luebeck.de

Musikhochschule Lübeck
www.mh-luebeck.de

Fachhochschule Lübeck
www.fh-luebeck.de

Wedel

Fachhochschule Wedel
www.fh-wedel.de

THÜRINGEN

Erfurt

Universität Erfurt
www.uni-erfurt.de

Fachhochschule Erfurt
www.fh-erfurt.de

Gera

SRH Hochschule für
Gesundheit Gera
www.gesundheitshochschule.de

Ilmenau

Technische Universität Ilmenau
www.tu-ilmenau.de

Jena

Friedrich-Schiller-Universität Jena
www.uni-jena.de

Ernst-Abbe-Hochschule Jena
www.eah-jena.de

Nordhausen

Hochschule Nordhausen
www.hs-nordhausen.de

Schmalkalden

Hochschule Schmalkalden
www.hs-schmalkalden.de

Weimar

Bauhaus-Universität Weimar
www.uni-weimar.de

Hochschule für Musik »Franz Liszt«
Weimar
www.hfm-weimar.de

Studien- und Berufswahl

Erfolgreich bewerben an Hochschulen

So bekommen Sie Ihren Wunschstudienplatz

■ *Dr. Angela Verse-Herrmann / Dr. Dieter Herrmann*
Studienplätze in den sehr beliebten Studiengängen Medizin und Pharmazie werden über *hochschulstart.de* vergeben. Mehr als 150 weitere Fachrichtungen haben örtliche Zulassungsbeschränkungen. Wie Sie sich erfolgreich bewerben, um sich den Studienplatz Ihrer Wahl zu sichern, vermittelt dieser Ratgeber.

Ob Motivationsschreiben, Auswahlgespräch oder Studieneingangstest – die Autoren zeigen, worauf es bei der Vorbereitung ankommt, und halten anschauliche Bewerbungsmuster, Testbeispiele und Insiderwissen für Sie bereit. Auf ins Studium ohne Umwege und lange Wartezeiten!

- Erfolgreich ins Medizin- und Pharmaziestudium
- Bewerbung mit Motivationsschreiben
- Schriftliche Eignungs- und Studierfähigkeitstests
- Das Auswahlgespräch für einen Studienplatz
- Auswahlverfahren für Kunst, Musik, Sport und Medien
- Tipps von Hochschullehrern für Bewerber/-innen

158 Seiten, 16,2 x 22,9cm, Broschur
Best.-Nr. E10491
€ 17,95 (D) / € 18,50 (A)
978-3-86668-986-2

Studieren, aber was?

Die richtige Studienwahl für optimale Berufsperspektiven

■ *Dr. Angela Verse-Herrmann / Dr. Dieter Herrmann*
Die erfahrenen Studienberater Dr. Angela Verse-Herrmann und Dr. Dieter Herrmann geben in der vollständig aktualisierten Ausgabe dieses Standardwerks für Abiturienten einen umfassenden Überblick über alle Hochschularten und Studiengänge. Zahlreiche Studienfächer werden ausführlich vorgestellt.

- Entscheidungshilfen bei der Studienwahl
- Studienplatzvergabe und Auswahlverfahren
- Fächerkombinationen, Studiengänge, Abschlussmöglichkeiten
- Lehrveranstaltungen und Praktika
- Berufsperspektiven der einzelnen Fächer
- Weiterführende Links und Glossar mit wichtigen Begriffen

212 Seiten, 16,2 x 22,9cm, Broschur
Best.-Nr. E10483
€ 17,95 (D) / € 18,50 (A)
ISBN 978-3-86668-798-1

Bestellungen bitte direkt an:
STARK Verlag · Postfach 1852 · D-85318 Freising
Tel. 0180 3 179000* · Fax 0811 6000499-163 · www.berufundkarriere.de · info@berufundkarriere.de
*9 Cent pro Min. aus dem deutschen Festnetz, Mobilfunk bis 42 Cent pro Min. Aus dem Mobilfunknetz wählen Sie die Festnetznummer 08167 9573-0

24-BK-R016